工业企业用水审计

石锦丽　张雪斌　著
苏建平　审

北　京
冶 金 工 业 出 版 社
2018

内 容 提 要

本书概要介绍了水与工业的关系及审计的基础知识，提出了企业用水审计的基本原则和要求，论述了企业用水审计的依据、用水审计和其他工作的关系，列出了企业审计报告所需的国家标准清单，明确了企业用水审计程序及各阶段的主要工作内容，探索性地提出了检验核查、分析评价的方法、步骤和要点，细化了用水审计报告的结构和内容。

本书可供水资源管理部门、工业管理部门、用水审计机构、工业企业及相关人员参考。

图书在版编目(CIP)数据

工业企业用水审计/石锦丽，张雪斌著. —北京：冶金工业出版社，2018.10

ISBN 978-7-5024-7938-1

Ⅰ.①工… Ⅱ.①石… ②张… Ⅲ.①工业用水—用水管理—审计 Ⅳ.①TQ085

中国版本图书馆 CIP 数据核字（2018）第 232654 号

出 版 人 谭学余

地　　址 北京市东城区嵩祝院北巷 39 号 邮编 100009 电话 (010)64027926

网　　址 www.cnmip.com.cn 电子信箱 yjcbs@cnmip.com.cn

责任编辑 于昕蕾 美术编辑 彭子赫 版式设计 孙跃红

责任校对 郑 娟 责任印制 牛晓波

ISBN 978-7-5024-7938-1

冶金工业出版社出版发行；各地新华书店经销；三河市双峰印刷装订有限公司印刷

2018 年 10 月第 1 版，2018 年 10 月第 1 次印刷

169mm×239mm；14.25 印张；245 千字；218 页

48.00 元

冶金工业出版社 投稿电话 (010)64027932 投稿信箱 tougao@cnmip.com.cn

冶金工业出版社营销中心 电话 (010)64044283 传真 (010)64027893

冶金书店 地址 北京市东四西大街 46 号(100010) 电话 (010)65289081(兼传真)

冶金工业出版社天猫旗舰店 yjgycbs.tmall.com

前　言

我国人多水少、水资源时空分布不均。解决我国水短缺问题，节水是根本出路。党的十八大以来，以习近平同志为核心的党中央高度重视水安全问题。习近平总书记明确提出“节水优先、空间均衡、系统治理、两手发力”的水利工作方针。党的十九大提出实施国家节水行动，这标志着节水已经成为国家意志和全民行动。

工业企业用水审计是节水工作的重要抓手和内容。审计机构根据国家、地方有关取水、用水、节水和水污染防治的法律、法规、标准、规章和技术方法，对工业企业取水、用水、耗水、节水和排水的物理过程和财务过程进行检验、核查、分析评价，并提出节水方案，使企业用水步入科学、合理、高效的轨道，这既是水行政主管部门加强水资源管理的迫切需要，也是企业开展用水管理的重要手段。

近几年，我国部分省区率先进行了工业企业用水审计的探索，取得了较好成效，对推动当地节水工作发挥了积极作用。随着国家标准 GB/T 33231—2016《企业用水审计技术通则》的发布和国家节水行动的实施，工业企业用水审计工作必定会在全国范围内展开。

为指导用水审计机构及工业企业更好地进行企业用水审计，作者结合在水资源管理、建设项目水资源论证及后评估、工业企业水平衡测试、热工设备热平衡测定、能源审计、清洁生产审核等方面的工作经验以及对用水审计的理解，编写了本书，供水资源管理人员、工业节水管理人员、用水审计机构和工业企业参考，希望为工业节水贡献微薄之力。

本书编写过程中，得到了河北省水利厅、河北省工业和信息化厅、河北省冶金行业协会的大力支持。苏建平认真审阅书稿，提出了很多建设性意见，在此表示衷心的感谢！王大勇、彭俊岭、赵克时、袁园、刘芳、李文兴、陈俊芬、韩灵玲、宫爱玺等给予了无私的帮助，在此谨致谢意！

本书编写调研工作得到了秦皇岛宏兴钢铁有限公司、河北安丰钢铁有限公司、昌黎兴国精密机件有限公司、唐山金马钢铁集团有限公司、河北玖翔节能技术有限公司、河北晶森环境咨询有限公司、河北新武安钢铁集团文安钢铁有限公司、冀南钢铁集团、中钢集团邢台机械轧辊有限公司、河北新武安钢铁集团烘熔钢铁有限公司、武安市明芳钢铁有限公司、石家庄嘉铭节能技术服务有限公司等单位的大力支持和配合，特此致谢！

张蒙雨多次与作者讨论本书的结构和内容，并帮助查阅、整理了大量文献资料，对本书编写做出了重要贡献；白丽花等人为作者提供了良好的写作环境，使作者能够专心致志地投入本书编写之中，在此一并致谢！

由于水平所限，书中难免会有疏漏之处，恳请读者批评指正。

作　者

2018 年 8 月

特别鸣谢

王大勇　河北省冶金行业协会副会长兼秘书长

贾俊龙　秦皇岛宏兴钢铁有限公司总经理

王　波　河北安丰钢铁有限公司副总经理

曹志勇　河北安丰钢铁有限公司综合办公室主任

刘权利　昌黎县兴国精密机件有限公司副总经理

刘　刚　唐山金马钢铁集团有限公司副总经理

曾宪春　唐山金马钢铁集团有限公司环境管理部部长

张　露　河北玖翔节能技术有限公司董事长

丁玉欣　河北晶淼环境咨询有限公司副总经理

何海江　冀南钢铁集团外事部长

张　冰　中钢集团邢台机械轧辊有限公司能源科科长

韩文斌　河北新武安钢铁集团文安钢铁有限公司副总经理

刘景河　河北新武安钢铁集团烘熔钢铁有限公司常务副总经理

潘明顺　河北新武安钢铁集团烘熔钢铁有限公司外联事务部长

张　昆　武安市明芳钢铁有限公司副总经理

曹文礼　石家庄嘉铭节能技术服务有限公司总经理

目　录

第一章　水与工业

人类很早就开始对水产生了认识，东西方古代朴素的物质观中都把水视为一种基本的组成元素，水是中国古代五行之一，西方古代的四元素说也包括水。

水是由氢、氧两种元素组成的物质，分子式为 H_2O。

根据 IUPAC（International Union of Pure and Applied Chemistry，国际纯粹与应用化学联合会，又译为国际理论与应用化学联合会）规定，H_2O 分子的正式名称有两种，即水（Water）和氧烷（Oxidane）。

根据分子式，水又可以称为氧化氢和一氧化二氢；类比ⅥA 族与ⅦA 族其他化合物的命名规律，水又可称为氢氧酸和酸式氧；类比金属氢氧化物（碱）命名规律，水也可称为氢氧化氢、苛性氢、羟基氢和碱式氢。这些名称虽各不相同，但其描述的都是水这种物质。

1990 年埃里克·莱克纳（Eric Lechner）和拉斯·诺普芩（Lars Norpchen）提出，1994 年克莱格·杰克逊（Craig Jackson）修改后在网络上发布了一篇关于“一氧化二氢”危害的文章，即有名的“一氧化二氢恶作剧”。其主要内容如下。

一氧化二氢又叫做氢氧基酸，其危害主要包括：它是酸雨的主要成分；它对泥土流失有促进作用；它对温室效应有推动作用；它是腐蚀的成因；过多摄取可能导致各种不适；皮肤与其固体形式长时间的接触会导致严重的组织损伤；发生事故时吸入也有可能致命；处在气体状态时，能引起严重灼伤；在不可救治的癌症病人肿瘤中已经发现该物质；此物质使人上瘾，离开它 168h 便会死亡。

尽管其危害如此之大，但仍常常被用于各式各样的残忍的动物研究；美国海军有秘密的一氧化二氢的传播网；全世界的河流及湖泊都被一氧化二氢污染；常常配合杀虫剂使用；洗过以后，农产品仍然被这种物质污染；它是“垃圾食品”和其他食品的添加剂；它是已知的导致癌症的物质的一部分；然而，政府和众多企业仍然大量使用一氧化二氢，而不在乎其极其危险的特性。

2012年，一个网名为“水产保护志愿者”的网友将此恶作剧引入中国社交网络，并引发轩然大波，上当者数以千计。这些都是对水的这些“另类命名”不了解所造成的。

水是最常见的物质之一。水是生命之源，在生命演化中，水起到了重要的作用。地球上的生命最初是在水中出现的。水中生活着大量的水生植被等水生生物。水是包括人类在内的所有生命生存的重要资源，同时水也是生物体最重要的组成部分。

水在地球以气体、固体、液体三种形式存在于大气、海洋、河流、湖泊、沼泽、土壤、冰川、永久冻土、地壳深处以及动植物体内。水的三种存在形式相互转化，共同组成一个围绕地球的水圈，总水量约为 $1.36\times10^9km^3$。由水组成的海洋约占地球表面的70%。

水在地球上并非静止不动，其循环使地球上各种水体进行自然更新，并使海洋水、陆地水、地下水保持相对平衡状态；水循环包括海陆大循环和海海小循环、陆陆小循环。水在海洋里进行一种大规模的、相对稳定的流动，是海水重要的普遍运动形式之一。水的循环对生物的生存繁衍和人类社会的发展非常重要。

第一节　水的种类与性质

一、水的种类

根据水的特点，可以从不同的角度，对水进行分类。

(一) 根据水的硬度分类

水的硬度是指水中含有的钙、镁、锰离子的数量（一般以碳酸钙来计算）。根据水质的硬度，水可以分为软水和硬水。

软水指硬度低于8度的水，硬水是硬度高于8度的水。

硬水会影响洗涤剂的效果，加热时会有较多的水垢。

(二) 根据氯化钠含量分类

根据水中氯化钠的含量，水可以分为淡水和咸水。

淡水指不含氯化钠或氯化钠含量极低的水，咸水是含有较高浓度的氯化钠的水。

（三）根据水的存在方式分类

根据水的存在方式，可以分为生物水、天然水、土壤水、结晶水等。

生物水指在各种生命体系中存在的不同状态的水；天然水是来自于自然界的水；土壤水是贮存于土壤内的水；结晶水又称水合水，指结晶物质中以化学键力与离子或分子相结合的、数量一定的水分子。

（四）地表水和地下水

根据水存在的位置，可以分为地表水和地下水。

地表水指陆地表面形成的径流及地表贮存的水，如江河、湖泊、人工渠、水库中的水；地下水则是指地下径流或埋藏于地下，经过提取可被利用的水。

（五）轻水和重水

根据生成水的氢原子的种类，水可以分为轻水、重水和超重水。

相对原子质量为1的氢原子（氕）与氧原子结合生成的水，称为轻水，亦即普通水。

两个氘原子和一个氧原子构成的水，称为重水，其化学分子式为D_2O。重水在天然水中占不到万分之二，通过电解水得到的重水比黄金还昂贵。重水可用来做原子反应堆的减速剂和载热剂。

两个氚原子和一个氧原子构成的水，称为超重水，化学分子式为T_2O。超重水在天然水中极其稀少，其比例不到十亿分之一。超重水的制取成本比重水还要高上万倍。

还有一种水称为氘化水，其化学分子式为HDO，由一个氢原子、一个氘原子和一个氧原子构成，目前尚未发现其特殊用途。

二、水的物理性质

物理性质是指物质不需要经过化学变化就表现出来的性质，或者说物质没有发生化学反应就表现出来的性质。

水在常温常压下为无色无味的透明液体。自然界中的纯水极其罕见，水通常以酸、碱、盐等物质的溶液存在，通常所称的水即指这种水溶液。纯水可以用铂或石英器皿经过几次蒸馏取得，当然，这也是相对意义上的纯水，不可能绝对没有杂质。水可以在液态、气态和固态之间互相转化，其固态称为冰，气态称为水蒸气。水蒸气温度高于 374.2℃时，气态水便不能通过加压转化为液态水。

水的凝固点是0℃，沸点是 100℃。实际上，摄氏温标是以一个标准大气压下水的冰点（冰水混合物）为0℃，水的沸点为100℃，中间等分成100份定义的。

水在 3.98℃时密度最大，为 $1g/cm^3$；水在 0℃时密度为 $0.9998g/cm^3$，在沸点时水的密度为 $0.9583g/cm^3$；结冰时密度减小，体积膨胀，冰在 0℃时，密度为 $0.9167g/cm^3$。温度高于 3.98℃时，水的密度随温度升高而减小，在 0~3.98℃时，水不服从热胀冷缩的规律，密度随温度的升高而增加。

0℃时，水的定压比热容为 4.212kJ/(kg·℃)，随着温度的升高而降低，30℃时达到 4.174kJ/(kg·℃)，30~50℃基本保持这一数值，之后随着温度的升高而升高，100℃时，定压比热容为 4.220 kJ/(kg·℃)。100℃之后，在保持液态的温度压力下，随着温度的升高，定压比热容升高的速率逐渐加快，300℃时为 5.736kJ/(kg·℃)，350℃时为 9.504kJ/(kg·℃)，360℃急升为 13.984kJ/(kg·℃)，370℃达到 40.319kJ/(kg·℃)。由于水的比热容较高，经常被用来作为热交换的介质。

在一定温度下单位质量的水完全变成同温度的气态水（水蒸气）所需的热量，叫做水的汽化热（水从液态转变为气态的过程叫做汽化，水表面的汽化现象叫做蒸发，蒸发在任何温度下都能进行）。标准大气压下 100℃水的汽化潜热为 2257.2J/g。

单位质量的冰在熔点时（0℃）完全溶解为同温度的水所需的热量，叫做冰的溶解热。冰在标准大气压下的溶解热是 336 J/g。

0~100℃之间，水的导热系数随温度升高而提高，从 0.5513W/(m·℃)提高到 0.6804W/(m·℃)，在保持液态的温度压力下，120~130℃时达到最高值 0.68503W/(m·℃)，之后基本趋势是随着温度的升高而降低。

水的黏度 0℃时最高，为 179.21×10^{-5} Pa·s，随着温度的升高而降低，100℃时达到 28.38×10^{5} Pa·s。

水的表面存在着一种力，使水的表面有收缩的趋势，这种水表面的力叫做表面张力。水的表面张力随着温度的升高而减小，0℃时为 75.6mN/m，100℃时为 58.8 mN/m。除汞以外，水的表面张力最大，并能产生较明显的毛细现象和吸附现象。

水的电导率表示水溶液传导电流的能力，其大小间接反映了水中溶解性盐类的总量，也反映了水中矿物质的总量。水的电导率因其杂质成分和含量的不同而不同。纯水有极微弱的导电能力，但普通的水含有少量电解质而有导电能力。

三、水的化学性质

水的热稳定性很强，水蒸气加热到2000K以上，也只有极少量离解为氢和氧，但水在电流的作用下会分解为氢气和氧气。根据水的热稳定性，可以把水加热成高温、高压的水蒸气来传递热量。

水在常温下可以和一些化学性质较活泼的金属进行反应，从水中置换出氢气，如钠和水起反应生成氢氧化钠和氢气，此时一般会引起燃烧反应。水也能与某些非金属进行化学反应，如水和氧化钙反应生成氢氧化钙。

能溶于水的酸性氧化物或碱性氧化物都能与水反应，生成相应的含氧酸或碱。酸和碱发生中和反应生成盐和水。

在催化剂的作用下，无机物和有机物能够与水进行水解反应。有机物分子中的某种原子或原子团被水分子的氢原子或羟基（-OH）代换，例如乙酸甲酯的水解；无机物的水解通常是盐的水解，例如弱酸盐乙酸钠与水中的H^+结合成弱酸，使溶液呈碱性。水本身也可以作为催化剂。

第二节　工 业 用 水

水是生命之源，水是农业的命脉，水是工业的血液。

工业生产中，水是非常重要的物质。可以说，没有水，大部分工业生产都无法进行。

一、工业用水定义

工业生产是一个复杂的过程。不同的行业，有不同的生产工艺，不同的生产工序。有些行业生产工序相对简单，而另一些行业则工序繁多，甚至某一个工序也可以成为一个独立的工业企业。工业生产过程的复杂性，也决定了其用水工艺和过程的多样性。

一般来说，工业用水指工业企业及其所属单位工业生产中，制造、加工、冷却、空调、洗涤、蒸发等生产过程使用的水，企业内部员工生活用水也计算在工业用水之内。由于生活用水与居民生活用水基本一致，本书中工业用水主要指工业企业生产用水。

二、工业用水水源

水资源，指地球上一切可以得到和利用的水。

水源是水的来源和存在形式地域的总称，主要存在于海洋、河湖、冰川雪山等区域，通过大气运动等形式得到更新。

水资源一词出现较早，但其内涵在随着时代进步不断丰富和发展。水资源的概念总体上很简单，但其内涵又很复杂，其复杂性表现为类型繁多，具有运动性，各种水体具有相互转化的特性；水的用途广泛，各种用途对其量和质均有不同的要求；水资源不仅有“量”的度量，还有“质”的不同，在一定条件下“量”和“质”还可以改变；同时，水资源的开发利用还受经济技术、社会和环境条件的制约。因此，站在不同角度和位置，通过不同的实践认识和体会，对水资源概念的理解自然会有不一致性。

普遍认可的水资源概念可以理解为人类长期生存、生活和生产活动中所需要的具有数量要求和质量前提的水量，包括使用价值和经济价值。

水资源概念又具有广义和狭义之分。广义水资源是指能够直接或间接使用的各种水和水中物质，对人类活动具有使用价值和经济价值的水均可称为水资源；狭义水资源则是指在一定经济技术条件下，人类可以直接利用的淡水。

本书中的水资源一般指狭义水资源，在非常规水资源中则包括广义水资源的内容。

天然水资源包括河川径流、地下水、积雪和冰川、湖泊水、沼泽水、海水，按水中盐分的不同分为淡水和咸水。水资源属于可再生资源，可以重复多次使用；并出现年内和年际量的变化，具有一定的周期和规律；储存形式和运动过程受自然地理因素和人类活动所影响。

由于气候条件变化，各种水资源的时空分布不均，天然水资源量中有些并不能被人们利用，水资源量不等于可利用水量。因此，人们需要采取措施扩大水资源可用量，如修筑水库和地下水库来调蓄水源、回收和处理的工业和生活污水生成再生水回用。随着科学技术的发展，水获得、处理、利用方式越来越多，如海水淡化、人工催化降水、南极大陆冰的利用等，能够被人类利用的水越来越多。

世界水资源的分布很不均匀，各地的降水量和径流量差异很大。全球约有三分之一的陆地少雨干旱，而另一些地区在多雨季节易发生洪涝灾害。

我国是一个干旱缺水严重的国家，淡水资源总量约占全球淡水资源的

6%，居世界第4~6位，但人均只有2300m³，仅为世界平均水平的四分之一，是人均水资源贫乏的国家之一。扣除难以利用的洪水径流和散布在偏远地区的地下水资源后，我国现实可利用的淡水资源量则更少，且其时空分布极不均衡。从空间看，黄河流域年径流量只占全国年径流总量的约2%，为长江水量的6%左右；在全国年径流总量中，淮河、海河、滦河及辽河三流域只分别约占2%、1%及0.6%。黄河、淮河、海滦河、辽河四流域的人均水量分别仅为中国人均值的26%、15%、11.5%、21%。从时间分配来看，我国大部地区冬季、春季少雨，夏季、秋季雨量充沛，降水基本集中在5~9月，占全年雨量的70%以上，且多暴雨。

工业用水水源指工业用水的来源，或者说工业用水的引水、取水之处。

工业用水水源包括常规水源和非常规水源。

（一）常规水源

常规水源即地表水和地下水，两者皆为常规水资源。

常规水资源指陆地上能够得到且能自然循环不断得到更新的淡水，包括陆地上的地表水和地下水。

常规水资源基本相当于狭义水资源，也是目前主要利用和依靠的水资源。

1. 地表水

地表水指陆地表面形成的径流及地表贮存的水，如江河、湖泊、人工渠、水库中的水。

地表水是陆地表面上动态水和静态水的总称，亦称“陆地水”，包括各种液态的和固态的水体，主要有河流、湖泊、沼泽、冰川、冰盖等，是人类生活用水的重要来源之一，也是各国水资源的主要组成部分。

我国河流总长度超过420Mm，径流总量达2711.5km³，占全世界径流量的5.8%。我国河流数量虽多，但地区分布很不均匀，全国径流总量的96%都集中在外流流域，面积占全国总面积的64%，内陆流域仅占4%，面积占全国总面积的36%。冬季河川径流枯水，夏季则为丰水季节。

我国冰川总面积约为5.65×10^4km²，总储水量约为2964.0km³，年融水量达50.5km³，多分布于江河源头。冰川融水是我国河流水量的重要补给来源，特别是西北干旱区河流水量的补给。我国的冰川都是山岳冰川，可分为大陆性冰川与海洋性冰川两大类，其中大陆性冰川约占全国冰川面积的80%以上。

我国湖泊的分布很不均匀，面积 1km^{2}以上的湖泊有 2800 余个，总面积约为 8×10^4km^2，多分布于青藏高原和长江中下游平原地区。其中淡水湖泊的面积为 3.6×10^4km^2，约占总面积的 45%。另外，我国先后兴建了 86000 座以上人工湖泊和各种类型水库。

地表水是水循环中海陆大循环和陆陆小循环的重要组成部分，通过地表径流，使水循环得以实现。

2. 地下水

地下水是指赋存于地面以下岩石空隙中的水，狭义上是指地下水面以下饱和含水层中的水。作为术语，地下水在国家标准 GB/T 14157—1993《水文地质术语》中是指埋藏在地表以下各种形式的重力水。

国外学者认为地下水的定义有三种：一是与地表水有显著区别的所有埋藏在地下的水，特指含水层中饱水带的那部分水；二是向下流动或渗透，使土壤和岩石饱和，并补给泉和井的水；三是在地下的岩石空洞里、在组成地壳物质的空隙中储存的水。

根据埋藏条件不同，地下水可分为上层滞水、潜水和承压水三大类。上层滞水是由于局部的隔水作用，使下渗的大气降水停留在浅层的岩石裂缝或沉积层中所形成的蓄水体；潜水是埋藏于地表以下第一个稳定隔水层上的地下水，通常所见到的地下水多半是潜水。当地下水流出地面时就形成泉；承压水是埋藏较深的、赋存于两个隔水层之间的地下水。

承压水一般具有较大的压力，特别是当上下两个隔水层呈倾斜状时，隔层中的水体要承受更大的压力。当有路径与地面相通时，则会在压力下自行流出，形成泉水；如人工打井或钻探钻孔穿过上层顶板时，水承受的高压也就会使水体喷涌而出，形成自流水。

地下水是水资源的重要组成部分，由于水量稳定，水质好，是农业灌溉、工业和城市的重要水源之一。但在一定条件下，地下水的变化也会引起沼泽化、盐渍化、滑坡、地面沉降等不利的自然现象。

（二）非常规水源

非常规水源来源于非常规水资源，是指区别于传统意义上的地表水、地下水的水源，主要有雨水、再生水（经过再生处理的污水和废水）、海水、苦咸水等，其特点是经过处理后可以再生利用。各种非常规水源的开发利用具有各自的特点和优势，可以在一定程度上替代常规水源，加速和改善天然水源的循环过程，使有限的水资源发挥出更大的效用。非常规水源的开发利用方式主要有再生水利用、雨水利用、海水淡化和海水直接利用、矿井水利用、苦咸水利用等。

非常规水资源指地表水和地下水之外的其他水资源，包括海水、苦咸水和再生水等。非常规水资源是广义水资源与狭义水资源之差，是人们正在逐步开发利用的水资源，充分开发利用非常规水资源也是将来解决水资源缺乏问题的重要途径。

目前工业上使用的非常规水源主要有城市污水回用水（再生水）和海水，部分企业有以雨水作为补充水源的。

1. 城市污水回用水

城市污水回用水是经过处理达到工业用水水质标准后用于工业生产的城市污水，又称再生水，也有人称之为“中水”。

工业用水水质标准指国家标准 GB/T 19923—2005《城市污水再生利用 工业用水水质》。

“再生水”名称起源于日本，其定义较多。在污水处理工程方面称为“再生水”，工厂方面称为“回用水”，一般以水质作为区分的标志。其主要是指城市污水或生活污水经处理后达到一定的水质标准，可在一定范围内重复使用的非饮用水。

城市污水或生产生活用水一般经污水厂二级处理后再经深度处理，水质指标低于生活饮用水水质标准，但高于排放污水质标准。再生水是污水经处理后的再利用，是国际公认的“第二水源”。城市污水再生利用是提高水资源综合利用率，减轻水体污染的有效途径之一。

2. 海水

海水即海洋内的水。海水是流动的，其可用水量几乎不受限制。

海水利用总体上有两种方式，一是直接作为间接冷却水，直接冷却水，脱硫、除尘等补充水水源，二是进行淡化后制成淡水使用。

以海水作为间接冷却水，以前多采用直流冷却，即从海洋中抽取海水，经冷却器换热后直接排入海洋。这样设备投资少，工艺简单，但也造成海洋的热污染。目前多采用冷却塔冷却循环方式。

海水淡化的方法主要有冷冻法、蒸馏法（热法）、膜法和海水淡化新技术四大类。

（1）冷冻法。

冰不能和其他物质共处，故水在结晶过程中会自动排除杂质，以保持其纯净。海水冻结时，盐分被排除在冰晶以外，冰晶形成时间越长，盐分就越少，这是由于海水冻结的过程中会使一些盐分以盐胞的方式夹杂在冰晶之间，冰晶外壁也会黏附上一些盐分，随着时间的推移盐分会在冰体之间形成卤道，残留的高浓度盐水会沿卤道慢慢向外排出。冰晶经过洗涤、分离、融化后即得到淡水。这就是冷冻淡化法的原理。

传统冷冻法海水淡化分为直接接触法、真空冷冻法和间接冷冻法，近年来从事海水淡化的研究机构又提出了许多利用 LNG[1]冷能的创新性技术。

（2）蒸馏法。

蒸馏法是最古老的一种海水淡化方法，其原理是加热海水，淡水蒸发为蒸汽，蒸汽冷凝得到淡水。蒸馏淡化过程的实质就是水蒸气的形成过程，如海水受热蒸发形成云，云在一定条件下遇冷形成雨，而雨是不带咸味的。由于技术不断改进发展，使其至今仍占统治地位。

蒸馏法又有太阳能蒸馏法、低温多效蒸馏法、多级闪蒸法、压汽蒸馏法和露点蒸发法之分。太阳能蒸馏法是利用太阳能蒸馏进行海水淡化；低温多效蒸馏法是海水的最高蒸发温度小于 70℃ 的海水淡化技术；多级闪蒸法是将经过加热的海水，依次在多个压力逐渐降低的闪蒸室中进行蒸发，将蒸汽冷凝而得到淡水；压汽蒸馏法是海水预热后，进入蒸发器并在蒸发器内部蒸发；露点蒸发法是以空气为载体，通过海水或苦咸水对其增湿和去湿来制得淡水。

目前主流的蒸馏法主要采取多级闪蒸法，即建造一系列串连的真空蒸发室，形成多级闪蒸海水淡化装置。这种方法产量高，适合与热电厂配套，以降低能耗与成本。

（3）膜法。

膜法海水淡化的主要介质是渗透膜，其基本原理是使用具有一定孔径的半渗透膜使水分子通过，同时将其他离子阻隔在外，从而达到净化的目的。海水经预处理后，进入一级反渗透装置（前段 RO 膜），一般情况下出水水况可达工业用水要求，然后进入二级反渗透装置（后段 RO 膜），可得到去离子水。

膜法主要有电渗析法和反渗透法/超过滤法。

电渗析法亦称换膜电渗析法，其技术关键是新型离子交换膜的研制。离子交换膜是 0.5~1.0mm 厚度的功能性膜片，根据其选择透过性区分为正离子交换膜（阳膜）和负离子交换膜（阴膜）。电渗析法是将具有选择透过性

---

[1] LNG 为液化天然气（Liquefied Natural Gas）的缩写。

的阳膜与阴膜交替排列，组成多个相互独立的隔室。其中某一海水被淡化，而相邻隔室海水浓缩，淡水与浓缩水得以分离。

电渗析法既可用于海水淡化，亦可用于水质处理，对污水进行处理并再利用。电渗析法也越来越多地应用于化工、医药、食品等行业的浓缩、分离与提纯。

反渗透法是一种膜分离淡化法，利用只允许溶剂透过、不允许溶质透过的半透膜，将海水与淡水分隔开。正常情况下，淡水通过半透膜扩散到海水一侧，从而使海水一侧的液面逐渐升高，直至一定的高度才停止，这个过程为渗透；此时，海水一侧高出的水柱静压称为渗透压；若对海水一侧施加一大于海水渗透压的外压，那么海水中的纯水将反渗透到淡水中。这就是反渗透法的原理。

反渗透法的最大优点是节能，其能耗仅为电渗析法的二分之一，蒸馏法的四十分之一。反渗透法 1953 年开始采用，美国、日本等发达国家 1974 年开始先后把发展重心转向反渗透法和超过滤法。

（4）海水淡化新技术。

目前，国内外海水淡化新技术主要有碳纳米管技术、非加压渗透吸附法/正向渗透法和仿生学法。

碳纳米管技术利用碳纳米管制备得到复合膜，进行海水淡化处理，理论上可以大大降低海水淡化成本。

非加压渗透吸附法，或称为“正向渗透法”，是让水通过多孔膜正向渗透进入一种超强吸水的吸附剂或盐浓度甚至超过海水的溶液或固态物，不需要外界加压，但溶液里的特殊盐分“提取液”很容易蒸发，不需要加太多的热。非加压渗透吸附法分固态盐、液态盐方向。固态盐解吸附耗能更小。

仿生学法是让水分子通过蛋白质构成的通道，此通道可有效地引导水分子通过活细胞，通道中央的正电荷和盐离子相斥，使水、盐分离。

海水淡化有多种方法，但适用于大型海水淡化的方法只有多级闪蒸法、低温多效蒸馏法和反渗透法，三者是目前国际上海水淡化工程所采用的主流技术，将决定海水淡化的未来。但在实际选用中，究竟哪种方法最好，要根据规模、能源费用、海水水质、气候条件以及技术与安全性等实际条件而定。

（三）其他水源

1. 自来水

自来水是指通过自来水处理厂净化、消毒后生产出来的符合相应标准的供人们生活、生产使用的水。大型工业企业生产使用的自来水，一般由城市供水公司专网供水。

2. 其他水

某些工业企业根据本身的特定条件使用上述各种水以外的水作为取水水源，如铁矿、煤矿等矿井涌水和苦咸水等。这些水经过适当处理后即可用于工业生产。

矿井涌水是指流入矿井巷道内的地表水、裂隙水、老窑水、岩溶水等。

苦咸水是存在于地表或地下，含盐量大于1000mg/L的水。

自来水一般取自地下水或地表水，矿井涌水、苦咸水都是地下水或地表水的组成部分。

三、水在工业中的用途

在工业生产中，水的用途主要有以下几项：一是作为工业生产的原料，二是作为洗涤介质，三是用作工作介质，四是抑尘，五是消防。

（一）原料

很多物质都是含水的，水是其组分之一；有些物质是由水和其他物质进行化学反应得到的；有些物质需要用水作为溶剂；还有一些物质生产过程中，需要用水进行加湿和成型。

1. 产品组分

工业生产的很多产品中都有水存在，或者说，水是这些产品的组成部分。

最明显的是食品工业，其产品绝大多数都含有水。如酒类、饮料、糕点等都含有水；化工产品中也有很多含水物质，包括含有结晶水的物质，如七水硫酸镁、三水硫酸镁、一水硫酸镁等。

2. 与其他物质进行化学反应

水能与很多物质进行化学反应，生产新的物质。

如水与SO_3反应，生成H_2SO_4；水与CaO反应，生成$Ca(OH)_2$；水蒸气和碳反应，生产水煤气；很多盐类能进行水解反应等。

3. 溶剂

水是一种优良的溶剂，很多物质溶于水中；不仅能溶解一些无机物，也能溶解一些有机物。工业生产中经常用水作为溶剂，如印染工业中的染料，化学工业中酸、碱、盐类物质等。

4. 加湿和成型

一些工业产品中并不含有水，水并不是其组成部分，但其原料为一些干燥的粉状物质，需要制成一定的形状或具有一定粒度才能进行生产，需要用水加湿调和，使其具有一定的塑性，便于成型或结块。如陶瓷工业陶坯、瓷坯的制作，砖瓦工业砖坯、瓦坯的制作，各种黏土质、高铝质耐火材料坯子的制作等；钢铁工业烧结工序的混料、造球过程等。

（二）洗涤

洗涤是从被洗涤对象中除去不需要的成分的过程，以达到某种目的。一般指从载体表面去污除垢的过程。洗涤减弱或消除污垢与载体之间的相互作用，使污垢与载体的结合转变为污垢与洗涤介质的结合，最终使污垢与载体脱离。

很多行业工业生产中，洗涤是必备的工序。洗涤的对象既包括原料、半成品、成品和副产品，也包括设备、包装器皿和废弃物。如食品工业的原料，是典型的洗涤对象。很多热工设备都产生含尘气体（烟气或煤气等），湿式除尘是其净化方式之一，即运用喷淋方法使其所含的颗粒物沉降并溶于水中。

（三）工作介质

水在工业生产中经常被用作工作介质，用于做功、热处理、物质水淬、换热、输送等方面。

1. 做功介质

水用作做功介质的方式是加热后变为水蒸气，具有一定压力和温度的水蒸气推动机械装置而做功。如蒸汽机车、汽轮机等。

2. 热处理介质

将金属工件加热到某一适当温度并使其内部温差达到一定要求后，随即浸入冷却介质中快速冷却的金属热处理工艺，称为淬火。水是淬火常用的冷却介质之一。

3. 物质水淬介质

某些物质需要在高温状态时快速冷却才具有活性，水是合适的快速冷却介质之一。如高炉渣水冲渣出渣方式，水的主要作用之一就是快速冷却。

4. 换热介质

水由于其比热容大，且来源丰富，在工业生产中经常被用作换热（热交换）介质。

水作为换热介质，最多的应用是设备和工艺过程的冷却，包括直接冷却（即水和被冷却介质直接接触）和间接冷却（即水与被冷却介质隔开，不直接接触）；而物品的加热，则是水作为换热介质应用的另一种形式。

化工生产过程中经常用水作为工艺换热介质，钢铁工业生产中水则主要用作设备冷却水，而纺织工业厂房的空调中，水则作为温度和湿度调节的介质。

5. 输送介质

一些物质由于其特殊工艺要求，需要以固液两相流方式进行输送，水是合适的液相介质。如铁矿选矿的尾矿、火力发电的粉煤灰等，高炉渣水冲渣出渣中，水的另一个作用就是输送介质。

（四）抑尘

工业生产中经常用到一些粉状原料，由于其颗粒细小，极易随风飘走，形成空气中的颗粒物。在原料表面喷洒一定量的水，可使粉状物料表面形成一层黏结在一起的薄层，使风难以将其扬起，从而达到抑尘效果。

（五）消防

某些工业企业特别是具有易燃易爆原料和成品、半成品、副产品的企业，消防是必须时刻关注的。除特殊物品外，水是灭火最主要的物质。当然，水的这种用途在事故状态亦即非正常生产情况下才有可能发挥作用。

四、工业用水种类

工业企业生产用水主要有三种：一是工艺用水，二是间接冷却水，三是锅炉用水。

（一）工艺用水

工艺用水指工业生产过程中，用于制造、加工产品以及与制造、加工工艺有关的水。工艺用水中包括产品用水、洗涤用水、除尘用水、输送用水、直接冷却水和其他水。

工艺用水是主要生产用水的组成部分。

在医疗器械生产过程中，工艺用水是根据不同的工序及质量要求，所用的不同要求的水的总称。根根《中华人民共和国药典》，工艺用水包括饮用水、纯化水、注射用水和灭菌注射用水。

1. 产品用水

产品用水指在工业生产过程中，做为产品的生产原料的水，既可作为产品的组成部分，也可参加化学反应，形成新的物质。

2. 洗涤用水

洗涤用水是工业生产过程中，对原材料、物料、半成品、成品、设备进行洗涤处理的水。

洗涤用水的作用主要是冲刷和溶解被洗涤物质上的杂质，故其使用后杂质含量提高，一般不能循环使用，可直接或经过处理后用于其他工艺；当被洗涤物洁净度要求较低时，可处理后重复使用。

3. 除尘用水

除尘用水是工业生产过程中，对产生含有颗粒物和其他污染物的烟气、空气进行净化的水。除尘用水是湿法除尘的主要介质，一般经过沉淀等简单处理后可重复使用。

4. 输送用水

输送用水是以水为输送动力和介质，用于以两相流方式输送生产设备或产品生产线所产生的颗粒状固体物等物料的水。如高炉炉渣出渣时的冲渣水、选矿中以管道输送尾矿的水、输送粉煤灰的水、连铸和轧钢生产中输送氧化铁皮的水等。

输送用水可在经过固液分离后重复使用。

5. 直接冷却水

直接冷却水是与被冷却物料直接接触的作为冷却介质的水。工业生产过程中，为满足工艺过程需要，使产品或半成品冷却所用与之直接接触的冷却水为直接冷却水，包括调温、调湿使用的直流喷雾水，如连铸生产中的二次冷却水等。

（二）间接冷却水

冷却水是工业生产过程中作为冷却介质的水。冷却水分为直接冷却水和间接冷却水，直接冷却水属于工业冷却水，间接冷却水由于其特性，作为工业生产用水的一个独立种类。

间接冷却水，顾名思义，就是不和被冷却物料直接接触，是通过热交换设备与被冷却物料隔开的冷却水。

间接冷却水包括直流冷却水和循环冷却水，采用循环冷却水进行冷却时，还涉及循环冷却水补充水和循环冷却水排污水。直接冷却水也有直流冷却水和循环冷却水之分。

1. 直流冷却水

直流冷却水是经一次使用后，直接排放的冷却水。

工业生产中，直流冷却水一般取自地表水或海水，一般直接排放到其取水水源。也有的直流冷却水排放到其他用水系统，形成串联用水。

如火电厂直流冷却水，直接从水源取得，经凝汽器及油、氢或空气等冷却器后排到取水口下游，不再重复使用。一般在水源水量充足时采用。

这种冷却方式存在热污染，对水中的生物种群有一定影响。

2. 循环冷却水

循环冷却水是循环用于同一过程的冷却水。循环冷却水是目前绝大多数工业企业特别是缺水地区工业企业采用的冷却水供水方式。

间接冷却水中的循环冷却水通过换热器交换热量并经冷却塔凉水后，循环使用，以节约水资源。循环水一般是中性或弱碱性的，pH 值控制在 7～9.5 之间。

循环水的冷却是通过水与空气接触由蒸发散热、接触散热和辐射散热三个过程共同作用的结果。蒸发散热是水在冷却设备中形成大大小小的水滴或极薄的水膜，扩大其与空气的接触面积和延长接触时间加强水的蒸发，使水汽从水中带走汽化所需的热量从而使水冷却；接触散热是水与较低温度的空气接触，由于温差使热水中的热量传到空气中，水温得到降低，主要方式是对流换热；辐射散热是不需要传热介质的作用，而由一种电磁波的形式来传播热能的现象。

3. 循环冷却水补充水

循环冷却水补充水是用于补充循环冷却水系统运行过程中水损失的水。

循环冷却水运行过程中，由于蒸发和物理散失（如风吹等）要损失掉部分水，同时循环水系统要进行排污，这些水都需要从循环系统外进行补充，以保持循环水系统的水量，维持其运行。

4. 循环冷却水排污水

循环冷却水排污水是在确定的浓缩倍数条件下，从敞开式循环冷却水系统排放的水。

循环冷却水运行过程中，由于水的蒸发，循环水系统的盐浓度不断提高。为保证循环冷却水系统的正常运行，循环冷却水浓缩到一定倍数必须排出一定的浓水，即循环冷却水排污水。循环冷却水补充水中的一部分，即用于补充循环冷却水排污水。

（三）锅炉用水

某些工业企业生产中，需要水蒸气或热水作为工作介质，一般需要锅炉来产生蒸汽或热水。但并非所有工业企业都需要蒸汽或热水，也不是所有工业企业所需要的蒸汽或热水都由本企业锅炉产生。

某些行业如火电行业中，蒸汽是其主要生产介质，锅炉也就成为其主要设备，锅炉用水是其重要用水种类。

锅炉用水是锅炉产生蒸汽或产生热水所需要的水及锅炉水处理系统用水。锅炉用水实际上是一种特殊的工艺用水，这里将其单独作为一个用水种类。

锅炉用水对水质有着严格的要求，必须对原水进行处理才能使用。

天然水中含有各种杂质，按其颗粒大小不同，可以分为悬浮物质、胶体物质和溶解物质等三类。

悬浮物质是颗粒直径在 10mm 以上的杂质，这些杂质构成了天然水的浑浊度和色度。悬浮物质在水中是不稳定的，其较轻物质（如油脂等）浮于水面，较重物质（如沙石、黏土、动植物尸体碎片和纤维等）静置时会下降。悬浮物的存在，会影响离子交换设备及锅炉的安全经济运行，若其在离子交换器内沉积，将会使离子交换剂受到污染，从而使其交换容量降低，周期出水量减少，并影响离子交换器的出水质量。如悬浮物直接进入锅炉，会沉积在锅筒内，使传热情况变坏，金属因过热损坏而发生事故。

胶体物质是指颗粒直径在 4～10μm 或 6～10μm 之间的杂质。天然水中的胶体，一种是硅、铁、铝等矿物质胶体，另一种是动植物腐殖质形成的有机胶体。由于胶体表面带有同性电荷，其颗粒之间互相排斥，不会长大，不能在重力作用下下降，可在水中稳定存在。如不除去水中的胶体物质，会使锅炉结成难以去除的坚硬水垢，并使锅炉水产生大量泡沫，引起汽水共腾，污染蒸汽品质，影响锅炉的正常运行。

溶解物质主要是气体和矿物质的盐类，以分子或离子状态存在于水中，粒径在 10μm 以下。水中溶解的气体都是以分子状态存在的，能够引起锅炉腐蚀的有害气体主要是氧气和二氧化碳，有时还有硫化氢。氧由大气中溶解进去，二氧化碳和硫化氢则是有机物分解或氧化而产生的。水中溶解的盐类都是以离子状态存在的。它们是由地层中矿物质溶解而来的。天然水中溶解的盐类主要是钙、钠等的碳酸氢盐、氯化物和硫酸盐等。这些杂质会造成锅炉结垢、腐蚀，污染蒸汽品质，使锅炉金属过热变形、腐蚀穿孔、缩短锅炉使用寿命、浪费燃料、降低锅炉热效率，或者产生汽水共腾，以至于发生堵管、爆管等重大事故，破坏锅炉的安全经济运行。

1. 蒸汽

蒸汽是在锅炉或余热锅炉等设备中水汽化所产生的气体。

蒸汽根据其压力和温度分为饱和蒸汽和过热蒸汽。

当液体在有限的密闭空间中蒸发时，液体分子通过液面进入上面空间，成为蒸汽分子。由于蒸汽分子处于紊乱的热运动之中，它们相互碰撞，并和容器壁以及液面发生碰撞，在和液面碰撞时，有的分子则被液体分子所吸引，而重新返回液体中成为液体分子。开始蒸发时，进入空间的分子数量多于返回液体中的分子数量，随着蒸发的继续进行，空间蒸汽分子的密度不断增大，因而返回液体中的分子数量也增多。当单位时间内进入空间的分子数量与返回液体中的分子数量相等时，则蒸发与凝结处于动平衡状态，这时虽然蒸发和凝结仍在进行，但空间中蒸汽分子的密度不再增大，此时的状态称为饱和状态。在饱和状态下的液体称为饱和液体，其蒸汽称为干饱和蒸汽（也称饱和蒸汽）。

饱和蒸汽继续加热，其温度将会升高，并超过该压力下的饱和温度。这种超过饱和温度的蒸汽称为过热蒸汽。过热蒸汽有其本身的应用领域，如用在发电机组的透平，通过喷嘴至叶片，推动装有叶片排的转子转动。但是过热蒸汽很少用于工业制程的热量传递过程。

2. 蒸汽冷凝水

蒸汽冷凝水即日常所说的蒸馏水，是水蒸气经冷却后凝结而成的水。蒸汽在使用之后，由于做功或冷却，使其温度降低，从而凝结成水。

一般工业生产中，根据蒸汽使用工艺，确定其是否可形成凝结水返回锅炉系统使用。

3. 锅炉补给水

锅炉补给水是补充锅炉汽、水损失的水。

锅炉生产过程中，由于蒸汽和热水不能回收或回收量少于锅炉需要量；

蒸汽锅炉需要排污，热水循环系统也可能产生跑冒滴漏现象。这些都会产生水的损失，需要进行补水。

小型锅炉一般采取间断补水方式，大型锅炉则采用连续补水方式。根据锅炉的压力、容量不同，对锅炉补给水的水质要求也不相同，从一般的软化水到除盐水、除氧水都有。工业锅炉水质有专门的国家标准。

4. 锅炉排污水

锅炉排污水是锅炉排出的含有水渣或含高浓度盐分的水。

为了控制锅炉锅水的水质符合规定的标准，使炉水中杂质保持在一定限度以内，需要从锅炉中不断地排除含盐、碱量较大的炉水和沉积的水渣、污泥、松散状的沉淀物，这个过程就是锅炉排污。

五、重复利用水与排水

（一）重复利用水

重复利用水包括串联水、循环水和回用水。

1. 串联水

串联水是在确定的用水单元或系统，生产过程中产生的或使用后的，且再用于另一单元或系统的水。

串联水是分质用水、分级用水的具体体现。根据生产过程中各工序、各设备或者不同用水范围对用水水质的不同要求，按照水质从好到差的顺序将水再次或多次利用。

2. 循环水

详见循环冷却水。

3. 回用水

回用水是企业产生的排水，直接或经处理后再利用于某一用水单元或系统的水。

回用水指在确定的生产系统内部，将某一生产过程使用过的水经适当处理后，用于同一用水系统内部或外部的其他生产过程的水，也称再利用水。

串联水与回用水的差别仅在于各生产环节的用水水质逐级同上一级用水过程水质改变相适应，而无须对上一级排水水质做出更多的处理。

（二）排水

工业排水是完成生产过程和生产活动之后排出生产系统或企业之外

的水。

工业排水分为工业污水和工业废水。

1. 工业污水

工业污水是工业生产过程或工业生产活动中使用过并且被污染的水的总称。

2. 工业废水

工业废水是工业生产过程使用后，质量已不符合生产工艺要求，对本生产过程无进一步利用价值的水。

按所含主要污染物的化学性质，工业废水可分为含无机污染物为主的无机废水、含有机污染物为主的有机废水、兼含有机物和无机物的混合废水、重金属废水、含放射性物质的废水和仅受热污染的冷却水。如电镀废水和矿物加工过程的废水是无机废水，食品或石油加工过程的废水是有机废水，印染行业生产过程中的废水是混合废水，不同的行业排出的废水含有的成分均有差别。

按工业企业的产品和加工对象，工业废水可分为造纸废水、纺织废水、制革废水、农药废水、冶金废水、炼油废水等。

按所含污染物的主要成分，工业废水可分为酸性废水、碱性废水、含酚废水、含铬废水、含有机磷废水和放射性废水等。

工业废水造成的污染主要有化学需氧量、化学毒物污染、无机固体悬浮物污染、重金属污染、酸污染、碱污染、植物营养物质污染、热污染、病原体污染等。

工业废水的特点是水质和水量因生产工艺和生产方式的不同而差别很大。如电力、矿山等部门的废水主要含无机污染物，而造纸和食品等工业部门的废水，有机物含量很高，BOD_5（五日生化需氧量）常超过2000mg/L，有的达30000mg/L。即使同一生产工序，生产过程中水质也会有很大变化。

工业废水的另一特点是除间接冷却水外，都含有多种同原材料有关的物质，而且在废水中的存在形态往往各不相同。如氟在玻璃工业废水和电镀废水中一般呈氟化氢（HF）或氟离子（F^-）形态，而在磷肥厂废水中是以四氟化硅（SiF_4）的形态存在；镍在废水中可呈离子态或配合态。这些特点增加了废水净化的难度。

从以上定义可以看出，工业污水与工业废水均为工业生产过程使用过的水，但两者范畴不同。工业污水强调的是水已被污染，但并不一定对本生产过程没有进一步利用的价值，也就是说其仍可能回用于本生产过程或生产活动之中；而工业废水，则由于其质量已不符合生产工艺要求，在本生产过程中失去了利用价值，但对于其他生产过程是否有进一步利用价值，可根据其用水质量要求确定。

如循环冷却水达到一定浓缩倍数后的排污水，对于循环水冷却系统已失去进一步利用价值，但其可作为高炉冲渣水、烧结混料用水、转炉渣闷渣用水等。

第三节　工业用水术语

上一节中介绍了工业用水及其水源、用水种类方面的一些基本概念。在工业用水中，还有很多术语，包括综合与管理术语、用水种类术语、水量术语、工艺与设备术语。

一、综合与管理术语

（一）综合术语

综合术语包括工业节水、用水效率、用水效益、节水潜力和节水技术等。

1. 工业节水

工业节水是指通过加强管理，采取技术上可行，经济上合理的节水措施，减少工业取水量和用水量，降低工业排水量，提高用水效率和效益，合理利用水资源的过程和方法。

节水与省水有所不同，省水一般指用水数量的减少，而节水强调的是用水效率和用水效益的提高。

2. 用水效率

用水效率指在特定的范围内，水资源有效投入和初始总的水资源投入量之比。

3. 用水效益

用水效益指单位水资源投入所带来的产出。

产出包括经济效益、社会效益和环境效益。经济效益用单位水量（m^3）生产出的产品量或经济量指标衡量，社会效益和环境效益通常是进行定性评价。

4. 节水潜力

节水潜力是技术成熟、经济合理的前提下，预计在一定时间段可实现的水资源节约量。

5. 节水技术

节水技术指可以提高水利用效率和效益，减少用水损失，能替代常规水资源和无水生产等技术，包括直接节水技术和间接节水技术。

6. 水网络集成

水网络集成是把整个用水系统作为一个有机的整体，按照各用水过程的水量和水质，系统和综合地合理分配水，使全系统的水重复利用率达到最大最优，同时使废水的排放量达到最小最优的技术。

（二）管理术语

管理术语包括节水企业或节水型企业、节水产品或节水型产品、节水产品认证、取水许可、污水资源化、企业水平衡等。

1. 节水（型）企业

节水企业或节水型企业指采用先进适用的管理措施和节水技术，经评价用水效率达到国内同行业先进水平的，并经相关部门或机构认定的企业。

2. 节水（型）产品

节水产品或节水型产品指在使用中与同类产品或完成相同功能的产品相比，具备可提高水的利用效率或防止水漏失或替代常规水资源等特性的，并经相关部门或机构认定的产品。

3. 节水产品认证

节水产品认证指以相关标准或技术规范为依据，经相关机构审核通过并发布相关节水产品认证标志，证明某一认证产品为节水产品的活动。

4. 取水许可

取水许可指依法对直接从江河、湖泊或者地下取水的单位和个人发放取水许可证，使其获得合法的取水权过程。

5. 污水资源化

污水资源化是指污水经过净化处理后，达到一定的水质标准，作为水资源加以利用。

6. 企业水平衡

企业水平衡是以企业为考察对象的输入水量的平衡，即该企业各用水系统的输入水量之和应等于输出水量之和。

（三）评价指标术语

工业企业用水、节水评价指标有取（用）水定额、单位产品取水量、单位产值取水量、单位工业增加值取水量、重复利用率、循环利用率、蒸汽冷凝水回用率、蒸汽冷凝水回收率、漏失率、浓缩倍数、排水率、污水处理回用率、达标排放率（废水达标率）、水表计量率和水计量器具配备率。

1. 取（用）水定额

取水定额是在一定的生产条件和管理条件下，对生产单位产品或创造单位产值所规定的取水量。有时也称为用水定额，此处用水等同于取水，与严格意义上的用水概念不同。

2. 单位产品取水量

单位产品取水量指在某一个计量时间段，生产单位产品的取水量。

3. 单位产值取水量

单位产值取水量指在某一个计量时间段，生产单位工业产值产品的取水量。按照我国现行法定计量单位和统计公报，产值的单位为千元，单位产值取水量一般指生产一千元工业产值产品的取水量。

4. 单位工业增加值取水量

单位工业增加值取水量指在某一个计量时间段，实现单位工业增加值的取水量。按照我国现行法定计量单位和统计公报，工业增加值的单位为千元，单位工业增加值取水量一般指生产一千元工业增加值产品的取水量。

5. 重复利用率

水的重复利用率指在同一时间段企业或某一生产单元生产过程中使用的重复利用水量与用水量的百分比。

6. 循环利用率

水的循环利用率指在同一时间段企业或某一单元生产过程中使用的循环水量与用水量的百分比。

7. 蒸汽冷凝水回用率

蒸汽冷凝水回用率指在同一时间段蒸汽冷凝水回用量占锅炉蒸汽发生量的百分比。

8. 蒸汽冷凝水回收率

蒸汽冷凝水回收率指在同一时间段蒸汽冷凝水回收量占锅炉蒸汽发生量的百分比。

9. 漏失率

漏失率是漏失水量与新水量的百分比。

10. 浓缩倍数

浓缩倍数是敞开式循环冷却水系统中由于蒸发使循环水中的盐类不断累积浓缩，循环水的含盐量与补充水的含盐量的比值。

11. 排水率

排水率指在同一时间段企业外排水量与新水量的百分比。

12. 污水处理回用率

污水处理回用率指在同一时间段企业内产生的生活和生产污水，经处理再利用的水量与排水量的百分比。

13. 达标排放率

达标排放率又称废水达标率，指同一时间段达到排放水质标准的外排水量与外排总水量的百分比。

14. 水表计量率

水表计量率指同一时间段企业或企业内各层次用水单元的水表计量的用水量与企业或企业内各层次用水单元用水量的百分比。

15. 水计量器具配备率

水计量器具配备率指水计量器具实际的安装配备数量与测量全部水量所需配备的水计量器数量的百分比。

水计量器具配备率应符合国家标准 GB 24789—2009《用水单位水计量器具配备和管理通则》的规定要求。

二、用水种类术语

上一节中，对工业用水种类已进行描述。这里只解释一些新的用水种类术语。

（一）新水

新水术语主要有取水、新水和原水。

1. 取水

取水指工业企业直接取自地表水、地下水和城镇供水工程以及企业从市场购得的其他水或水的产品。多数情况下，为工业企业利用水工程或者机械提水设施直接取的地表水和/或地下水。

2. 新水

新水是工业企业内用水单元或用水系统取自任何水源被该企业第一次利用的水。

3. 原水

原水是未经任何处理的从水源地取得的水。

原水未经过处理。从广义来说，对于进入水处理工序前的水也称为该水处理工序的原水。

原水取自天然水体或蓄水水体，如河流、湖泊、池塘或地下蓄水层等，用作供水水源或流入水处理厂的第一个处理单元。

水厂用以调节供水网水压的蓄水池中的水不是原水。原水的水质因水源不同而异，根据用途的不同，决定是否需要对原水进行处理。

制药工业的原水另有含义，通常为饮用水（天然水经净化处理所得的水）。

原水与新水既有相同之处，又有一定区别。两者都是直接取自水源，但原水未经任何处理，而新水可能未经任何处理，也可能经过给水处理。

（二）给水处理

给水处理术语主要有软化水和除盐水。

1. 软化水

软化水又称软水，指去除钙、镁等具有结垢性质离子至一定程度的水。

水中含有不少无机盐类物质，如钙盐、镁盐等。这些盐在常温下溶于水中，以离子形式存在，但在加热到一定温度时，就有钙、镁盐以碳酸盐形成沉淀，粘贴于管道或设备壁上，形成水垢。钙、镁离子以氯化物存在时，由于其可溶，在加热时并不沉淀出来。

水硬度，又称地下水硬度，指水中钙、镁离子的含量，在现行国家标准术语中已不再使用。水硬度最初是指水中钙、镁离子沉淀肥皂水化液的能力，水的总硬度指水中钙、镁离子的总浓度，其中包括碳酸盐硬度（即通过加热能以碳酸盐形式沉淀下来的钙、镁离子，故又叫暂时硬度）和非碳酸盐硬度（即加热后不能沉淀下来的那部分钙、镁离子，又称永久硬度）。硬度有多种表示方法，其中之一是将所测得的钙、镁折算成 CaO 的质量，即单位体积水中含有 CaO 的质量表示，单位为 mg/L。

雨、雪水、江、河、湖水都是软水，泉水、深井水、海水都是硬水。

软水是只含有少量的可溶性镁盐和钙盐的天然水，是经软化处理过的硬水。天然的软水一般指江水、河水、湖（淡水湖）水等。

使用软水可防止管道、设备结垢，从根本上消除水碱，使设备安全运行，减少水设备及水管道维修费用。

2. 除盐水

除盐水是去除水中阴、阳离子至一定程度的水。一般除盐水使用软化水制取。

除盐水是利用各种水处理工艺，除去悬浮物、胶体和无机的阳离子、阴离子等水中杂质后，所得到的成品水。除盐水水中盐类并未被全部去除干净，由于技术方面的原因以及制水成本上的考虑，根据不同用途，允许除盐水含有微量杂质。除盐水中杂质越少，水纯度越高。

生产实践中，人们从除盐水的概念出发，使用了不同称呼以区分除盐水的纯度。在锅炉给水处理中，通常将25℃时电导率小于 3μS/cm 的水称为蒸馏水；电导率低于 5μS/cm、SiO_2 含量低于 100μg/L 的水称为一级除盐水；电导率低于 0.2μS/cm、SiO_2 含量低于 20μg/L 的水称为二级除盐水；电导率低于 0.2μS/cm，Cu、Fe、Na 含量低于 3μg/L，SiO_2 含量低于 3μg/L 的水称为高纯水或超纯水。

目前，一般通过蒸馏、反渗透、离子交换等方法或其集成生产除盐水。

三、工艺和设备术语

（一）用水系统

工业企业用水系统主要有给水及给水处理系统、直流式用水系统、回用水系统、串联水系统、直流冷却水系统、循环冷却水系统、直接冷却循环水系统、间接冷却循环水系统、敞开式循环冷却水系统、密闭式循环冷却水系统、循环水系统、排水系统和污水处理回用系统。

1. 给水系统

给水系统指取水、输水、水质处理和配水等设施以一定的方式组合成的总体。

2. 给水处理系统

给水处理系统是给水处理工艺中各个处理的单元操作和单元过程组成的系统。

3. 直流式用水系统

直流式用水系统指在生产过程中，水经一次使用后，直接排放的一种用水系统。

4. 回用水系统

回用水系统是工业企业产生的排水，直接或经处理后再利用于某一用水单元或系统的一种用水系统。

5. 串联水系统

串联水系统是在确定的用水单元或系统，生产过程中产生的或使用后的水，再用于另一单元或系统的一种用水系统。

6. 直流冷却水系统

直流冷却水系统指冷却水经一次使用后，直接排放的用水系统。

7. 循环冷却水系统

循环冷却水系统是冷却水循环用于同一过程的用水系统。

8. 直接冷却循环水系统

直接冷却循环水系统是冷却水与被冷却的物料直接接触的循环冷却水系统。

9. 间接冷却循环水系统

间接冷却循环水系统是冷却水通过热交换设备与被冷却物料隔开的循环冷却水系统。

10. 敞开式循环冷却水系统

敞开式循环冷却水系统是冷却水与空气直接接触冷却的循环冷却水系统。

11. 密闭式循环冷却水系统

密闭式循环冷却水系统是冷却水不与空气直接接触冷却的循环冷却水系统。

12. 循环水系统

循环水系统是某一用水系统循环用于同一过程的用水系统。

13. 排水系统

排水系统指排放的水的收集、输送，水质的处理和排放等设施以一定方式组合成的总体。

14. 污水处理回用系统

污水处理回用系统指污水回收、处理、再生和利用等设施以一定方式组合成的总体。

（二）水处理

水处理分为给水处理和污水处理，污水处理又分为一级处理、二级处理、三级处理等常规处理和深度处理等，其处理深度不同；通过水处理，可以完全实现分质供水和零排放。

1. 给水处理

给水处理即对原水净化处理的过程。

2. 污水处理

污水处理指为使其达到排入某一水体或再次使用的水质要求，对其进行净化的过程。

3. 污水一级处理

污水一级处理指用以去除污水（或废水）中的漂浮物和部分悬浮物，调节污水（或废水）的 pH 值，减少后续处理工艺负荷的处理阶段或步骤。

4. 污水二级处理

污水二级处理是在污水一级处理后，为进一步去除水中悬浮细微颗粒和溶解性污染物，而采用的生物处理或其他措施。

5. 污水三级处理

污水三级处理是常规污水处理的最后一级，为达到一定的再生水标准，对水中的磷、氮以及难以生物降解的有机物和极细微的悬浮物，采用的进一步净化处理工艺。

6. 深度处理

深度处理指去除常规净化处理所不能完全去除的污水中的杂质的净化过程，如膜法、活性炭法及紫外线等。

7. 分质供水

分质供水指原水经过不同的处理工艺，达到不同的水质标准，通过独立的管网系统向不同的用户分别供水。

污水进行一级处理、二级处理、三级处理和深度处理之后，出水也可以进入相应水质的管网系统，向不同的用户分别供水。

8. 零排放

零排放指工业企业或其主体单元的生产用水系统达到无工业废水外排。

（三）非常规水利用

1. 雨水积蓄利用

雨水积蓄利用指通过集雨工程积蓄处理后的雨水被工业利用的过程。

2. 海水利用

海水利用是海水淡化、海水直接利用和海水资源利用的统称。

3. 污水再生利用

污水再生利用是污水回收、再生和利用的统称，包括污水净化再生、实现水重复利用的全过程。

（四）节水工艺

节水工艺包括无水或少水生产、无水冷却和少水冷却、气力输灰（干排渣）、干熄焦等。

1. 无水生产

无水生产是采用不用水的生产方法、工艺或设备进行生产的过程。

2. 空气冷却

空气冷却是工业生产中用空气来冷却（直接或间接）工艺介质或设备的冷却方式。

3. 干式空气冷却

干式空气冷却指在密闭式循环冷却水系统中，利用大气气流通过换热装置间接强制循环冷却水降温的冷却方式。

4. 湿式空气冷却

湿式空气冷却是在密闭式循环冷却水系统中，利用置于冷却塔中的喷淋水换热装置间接强制循环冷却水降温的冷却方式。

5. 汽化冷却

汽化冷却是利用水的汽化吸热，带走被冷却对象热量的一种冷却方式。

钢铁工业中的炼钢转炉烟道一般采用汽化冷却方式，一些轧钢加热炉和球团竖炉也采用汽化冷却方式。

6. 干排渣技术（气力输灰）

干排渣技术（气力输灰）指以空气作为输送介质和动力，将锅炉尾部受热面、烟道和除尘器集灰斗等处积聚的细灰，通过管道或其他密封装置输送到储存地点。

7. 干熄焦

干熄焦是采用惰性气体将红焦降温冷却的一种熄焦方法。

8. 干法除尘

干法除尘是采用静电、布袋、重力等方式进行气体颗粒物净化的一种方法。

9. 干法脱硫

干法烟气脱硫是指应用粉状或粒状吸收剂、吸附剂或催化剂来脱除烟气中的二氧化硫。

四、水量术语

（一）企业或用水单元输入水量

工业企业输入水量相关术语包括常规水资源取水量、非常规水资源取水量、新水量、外购水量。

1. 取水量

取水量是工业企业直接取自地表水、地下水和城镇供水工程以及企业从市场购得的其他水或水的产品的总量。

2. 常规水资源取水量

常规水资源取水量指工业企业取自地表水和地下水的水量。

3. 非常规水资源取水量

非常规水资源取水量指工业企业取自海水、苦咸水、矿井水和城镇污水再生水等非常规水源的水的总量。

4. 新水量

新水量是指工业企业内用水单元或系统取自任何水源被该企业第一次利用的水量。

5. 外购水量

外购水量是指从企业以外的单位购得的水或水的产品（如软化水、除盐水、蒸汽等）的水量。

（二）企业或用水单元输出水量

工业企业或用水单元输出水量包括排水量、外排水量、外供水量和锅炉排污水量。

1. 排水量

排水量是对于确定的用水单元，完成生产过程和生产活动之后排出企业之外以及排出该单元进入污水系统的水量。

2. 外排水量

外排水量指完成生产过程和生产活动之后排出工业企业之外的水量。

3. 外供水量

工业企业外供给其他单位的水或水的产品（如软化水、除盐水、蒸汽等）的水量。

4. 锅炉排污水量

锅炉排污水量是锅炉排出的含有水渣或含高浓度盐分的水量。

（三）耗水量和漏失水量

1. 耗水量

耗水量是确定的用水单元或系统生产过程中进入产品、蒸发、飞溅、携带等所消耗的水量。当企业用水包括厂区生活用水时，耗水量还包括生活饮用所消耗的水量。

2. 漏失水量

漏失水量是工业企业供水及用水管网和用水设备漏失的水量。

（四）用水量

用水量包括新水量和重复利用水量，重复利用水量包括循环水量和串联水量，回用水量一般属于串联水量，有些属于循环水量。

1. 用水量

用水量是确定的用水单元或系统使用的各种水量的总和，即新水量和重复利用水量之和。

2. 主要生产用水量

主要生产用水量指直接用于主要生产过程的水量，包括工艺用水量、锅炉用水量等。

3. 辅助生产用水量

辅助生产用水量指为工业企业主要生产装置服务的辅助生产装置的用水量，包括机修、运输、空压机等用水和水处理单元的自用水量。

4. 附属生产用水量

附属生产用水量指工业企业厂区内为生产服务的各种生活用水和杂用水的总用水量，但不包括基建用水量和消防用水量以及企业生活区的用水量。

5. 重复利用水量

重复利用水量是确定的用水单元或系统内使用的所有未经处理和处理后重复使用的水量的总和，即循环水量和串联水量的总和。

6. 循环水量

循环水量是确定的用水单元或系统生产过程中已用过的水，再循环用于同一过程的水量。

7. 循环冷却水补充水量

循环冷却水补充水量是用于补充循环冷却水系统在运行过程中损失的水量。

8. 循环冷却水排污水量

循环冷却水排污水量是对于确定的浓缩倍数，敞开式循环冷却水系统中排放的水量。

9. 串联水量

串联水量是确定的用水单元或系统生产过程中产生的或使用后的水，再用于另一单元或系统的水量。

10. 回用水量

回用水量指工业企业产生的排水直接或经处理后再用于某一用水单元或系统的水量。

11. 冷凝水回用量

冷凝水回用量是蒸汽经使用（如用于汽轮机等设备做功、加热、供热、汽提分离等）冷凝后直接或经处理后回用于锅炉和其他系统的冷凝水量。

12. 冷凝水回收量

冷凝水回收量是蒸汽经使用（如用于汽轮机等设备做功、加热、供热、汽提分离等）冷凝后回用于锅炉的冷凝水量。

13. 工艺用水量

工艺用水量指工业企业生产中用于制造、加工产品以及与制造、加工工艺过程有关的用水量。

14. 自用水量

自用水量指水处理过程中反冲洗、再生以及其他用途所需用的水量。

第二章　审计基础

企业用水审计作为一项专项业务审计，也要遵循审计的基本原则，使用一些审计方法，以完成相应的审计目标，达到用水审计的目的。

本章介绍审计的一些基础知识。

第一节　审计目的和审计目标

目的，是想要达到的境地，是想要得到的结果，是想要探索问题的由来。审计目的是“目的”一词在审计中的具体运用。审计目的是指审计工作要达到的预期效果，也就是在一定的社会环境下，人们期望通过审计实践活动所要达到的境地或最终结果，审计所要达到的境地或达到的要求，是审计的出发点和归宿。

从总体上来说，我国审计的目的是维护财经法纪、改善经营管理，提高经济效益，促进廉政建设，保障国民经济健康发展。企业用水审计的目的是节约用水、提高用水效率。

审计目标是为实现审计的直接目的所确定的审计的工作目标，是对审计事项与设定标准或一定要求的相符程度进行的确认。一般来说，审计目标在于确认审计对象或称审计客体的真实性、合规性（合法性）和效果性（效益性）。

通俗地说，审计目的是审计所能满足的社会需求是什么，亦即“人们利用审计来干什么”；而审计目标是指审计人员为达到既定的审计目的，需要通过对具体项目的审查来证明和解决的问题，是“审计应该干什么”。

一、审计的直接目的和终极目的

要明确审计目的的内容是什么，就必须明确审计信息使用群体的构成及其要求是什么。通过对构成审计信息使用群体的分析，研究使用者利用审计的动机，就构成了审计目的。

（一）资源所有者审计需求

在相当长的历史时期，资源所有者对审计的需求是主要的，政府审计和民间审计的产生基于资源的所有权与经营权分离。在社会经济发展过程中，当资源所有者拥有的资源不能亲自经营管理时，就将其拥有的资源委托给他人经营，形成委托受委托的代理关系。作为资源所有者，无须再参与资源经营管理，通过签订委托契约方式将经营资源的责任完全委托经理人经营。经理人是资源的经营者，其受委托运用所有者资源进行生产经营活动，拥有经营决策权，并依据委托契约条款取得相应的报酬；对于经理人而言，资源经营权的取得以承担相应的资源经管责任为代价。委托关系的正常维持，取决于经理人责任的履行情况。

在委托关系中，为了考察经营责任的履行情况，无论是委托方还是受委托方，都需要通过一定的方式反映经营责任的履行情况，而这种反映的一个最有效途径就是会计。为使会计能够真实地记录经营责任的履行情况，双方通常需要就受委托责任的会计做出事先规定，用于约束资源受委托人的会计行为。在委托关系中，由于存在利益的非均衡性和信息非对称性以及记录和反映经营责任履行情况的会计受聘于经理人等原因，使得经理人有着自然的控制权，可以通过对会计信息系统进行控制与操纵，使会计信息脱离真实的经营成果而偏向其自身利益。这就意味着经理人在向委托人提供反映经营责任履行情况的信息时，在会计核算过程中可能存在着违反委托人与经理人事先约定的会计规则的行为。而委托人在利用经理人提供的会计信息评价经理人经营责任的履行情况时，就要通过一定的方式来降低、甚至消除会计信息中存在的风险，以便正确评价经理人受托责任的履行情况。

由于会计信息质和量的变化，以及受制于时间、精力、地域、能力等多方面的原因，资源所有者在不能亲自揭示经理人违背事先约定的会计规则的行为时，转而寻求独立的人员（审计人员）代其行事。因此，审计人员接受资源所有者的授权或委托，对经理人提供的会计信息进行审计，是“为了维护所有者的利益，考核会计核算的所有方面是否遵循所有者与经理人之间既定的会计规则契约。所有不符合该契约的行为都属于错误或弊端，是审计人员应予以揭示的对象”，亦即揭露会计信息中的错误和弊端，降低或消除信息风险，以便于资源所有者利用经审定后的会计信息正确评价经理人经营责任的履行情况。

（二）债权人审计需求

企业经营中资金最初主要由资源所有者提供，随着企业生产经营规模的扩大，为满足企业经营的需要，向银行借贷成为企业主要的资金来源。银行将资金让渡给企业使用，为确保贷款的安全性，需要企业提供反映其偿债能力的会计信息，根据其偿债能力确定是否发放贷款、贷款规模、期限与利率等事项。而企业为了取得贷款，在向银行提供信息时存在有意粉饰会计信息的动机或行为。银行为了确保贷款决策的正确，需要通过审计查明真实信息以降低或消除信息风险。债权人对审计的需求与资源所有者相比，最大的区别在于债权人不需要就所有的会计核算信息作为审计对象，而只需要检查与偿债能力有关的会计信息，主要表现在资产负债表的少数关键账户及其所反映的资产流动性是否可靠。但其需求动机却是相同的，都是需要通过审计来降低或消除相关信息的信息风险。

（三）经营者审计需求

经营者多数充当的是被审计的对象。在相当长的时期内，虽然经营者在审计关系中处于被动地位，然而，在确定经营责任的履行过程中，为了明确自身的清白，取信于委托方，经营者亦存在主动需求审计的愿望，这时其对审计的需求是希望通过审计确信反映经营责任履行情况的会计信息遵守了与委托方之间既定的会计规范，不存在错误和弊端，即不含有信息风险。

随着资本市场的发展，从证券市场上直接融资成为企业扩大经营规模的重要方式，企业的股权结构表现为所有者的人数激增，股权变得高度分散，单一所有者已无能力对企业经营管理实施监控，所有者只是通过委托契约关系对企业的财产保持最终的控制权，最为关心的是其股票的买卖，因此而成为纯粹的投资者。这样，所有者失去对企业经济活动的控制权，经营过程中的实际控制权逐渐落入企业经理人手中。在经理人掌握企业经营管理的控制权后，经理们所关心的就是如何将社会上闲散的资金更多地吸引到自己所经管的企业中。为了吸引投资者手中的资金，经理人必须表明其经营能力和较高的投资回报率，对此，需要向投资者公布企业的会计信息，以便于投资者做出投资决策。为了消除理性投资者的信息风险，降低吸收资金的成本，经理人产生了对审计的需求。对于经理人而言，要求审计验证其提供的会计信息，是为了减少与投资者之间的信息不对称，亦即减少信息风险。

（四）投资者审计需求

随着证券市场的发展，不仅使得社会公众投资的愿望成为现实，而且也使原来拥有企业控制权的所有者逐渐演变成为投资者。对于投资者而言，所关心的是投资的盈利性，而投资的盈利性取决于其投资决策的准确性。投资者无论是购入、持有还是卖出一家企业的股票，均需要根据其相关信息做出相应的投资决策。由于投资者进行决策所依据的信息是由企业提供的，而投资者本身无法实施对信息的验证，为减少信息风险，提高决策的准确性，就需要依靠审计对信息进行验证。投资者对审计的需求也是为了减少信息风险。

（五）政府的审计需求

政府对审计的需求一是政府以所有者的身份对审计的需求，二是政府作为社会管理者的身份对审计的需求。经济的繁荣是国家财富最有效和最丰富的来源，而经济繁荣的前提是保持一个良好的经济秩序。为保持经济秩序的有序运行，政府依据其强制力量介入市场经济，通过法律形式强制规定发行有价证券的企业必须向政府的有关部门进行证券发行登记，并报送经注册会计师验证的财务报表。这种强制性财务报表审计，客观上使得注册会计师已不再是对企业的某个具体投资者负责，而是面向了全社会。对于政府而言，无论是作为所有者，还是作为社会管理者，其对审计需求的动机都是为了降低信息风险，所不同的是，作为所有者是为了维护自身的利益，而作为社会管理者则是为了整个社会经济秩序的稳定。

不同的审计信息使用者对审计需求的动机都是降低信息风险。由于降低信息风险满足的是不同审计信息使用者的直接需求，其为审计的直接目的。

随着社会分工的出现，社会经济结构是由不同的委托关系组成的经管责任网络。经济秩序的稳定取决于不同经管责任的有序联结，任一环节的故障都将导致整个经济秩序的紊乱。审计作为委托受托关系的产物，通过审计，降低信息风险，不仅可以使某一具体的委托受托关系得以正常维系，而且还可以使不同的委托受托关系之间按既定规则有序运行。从社会经济权责结构的整体考察，人们希望通过审计来维护整个社会经济秩序的稳定。这一点已从政府作为社会管理者的身份中体现出来，并且审计已通过自身的努力得到了社会的认可。从社会经济权责结构的整体考察而形成的人们对审计需求的动机称为审计的终极目的。

综上所述，审计目的包括直接目的和终极目的两部分。直接目的体现的是不同审计信息使用者直接的需求动机，而终极目的则是撇开具体的审计信息使用者，从社会经济权责结构的整体考察而形成的人们对审计需求的动机。审计的直接目的是降低信息风险，终极目的是维护经济秩序。

二、审计目标

无论何种审计，审计的具体目标不同，但审计目标的设置都是为了反映审计事项的真实性、合规性（合法性）和合理性。

（一）真实性

真实性关注的是信息有无虚假或错报，适用于需要信息特别是数据审计的情况。对于企业用水审计，就是企业用水信息和企业基本信息是真实还是虚假、准确还是错误。

（二）合规性

合规性也称为合法性，关注的是财政财务收支及相关经济活动是否遵守了相关的法律法规和规章制度，适用于行为审计。企业用水审计中，要关注企业取水、排水是否取得了水行政主管部门的取水许可证，是否取得了环境保护部门的排水许可（废水），排水水质是否达到了要求。用水量是否超出用水计划，单位产品用水量是否超出定额。用水计量器具配备是否符合标准要求等。

（三）合理性

合理性表现为目标的效益性或效果性。效益性关注的是财政收支、财务收支以及有关经济活动实现的经济效益、社会效益、环境效益和资源效益，这里的审计对象是经济效益、社会效益、环境效益和资源效益。效益性必然表现为一些数据，需要鉴证其真实性，审计目标是真实性；其次，需要对鉴证后的效益与既定的效益标准进行比较，以评价效益的优劣，审计目标是评价效益本身的优劣，其目的是寻找效益是否存在缺陷，是否能进一步提升，针对的是次优问题和代理问题。从这个意义上来说，审计目标可以归结为合理性。最后，如果效益不好，就需要寻找其原因，这就必然会涉及效益生产的全过程，从全过程中寻找缺陷，发现改进效益的机会，此时，针对的是次优问题和代理问题，审计主题是生产效益的行为，审计目标是判断行为是否存在次优问题和代理问题，从这个意义上来说，审计目标可以归结为合理性。

企业用水审计的合理性目标，表现为企业的用水效率。这个目标可以是表现用水效率的指标，如单位产品用水量（取水量），或者单位产值（工业增加值）用水量（取水量），也可以是用水过程参数，如循环水的浓缩倍数、冷却循环水的进出水温度和温差，还可以是单位新水创造的价值等。

三、审计目的与审计目标的联系

审计目的与审计目标的联系主要表现为审计目标是审计目的的具体实现形式。审计目的的达到是通过审计目标的实现来完成的。审计目的是抽象的、综合的，不可能直接实现，必须借助于某种具体的形式，审计目标恰恰起到了这种具体形式的作用。审计日标把维护经济秩序、评价经济责任的目的落实到具体的审计项目中，从而使审计目的从抽象、综合走向具体、可操作。

企业用水审计的目的是节水、提高用水效率，需要落实到具体的企业用水审计目标之中，特别是合理性目标或者说效益性目标之中，通过企业用水合理性的分析，找出企业用水的薄弱环节并进行改进，从而达到节水的目的。

四、审计目的与审计目标的区别

审计目的和审计目标即有联系，又有区别。区别主要表现在以下六个方面。

（一）综合和具体

审计目的是综合的，审计目标则是具体的。审计目的是期望达到的境地或要求，是一个总体性的概念，故其具有综合性的特征。审计目标体现的是对审计事项所达到设定的标准和具体要求进行的确认，具有具体性的特征，这一特征在审计的具体目标中表现非常明显。

（二）抽象性和实践性

审计目的是抽象性的，而审计目标是实践性的。审计目的表明的是审计活动的愿望和动机，是一个综合性的概念，是抽象的。审计目标所表明的是审计的具体方面，能非常明确地指导审计工作，对有效开展审计工作具有十分积极的意义，具有很强的实践性。

（三）动机和非动机

审计目的具有动机性的特征，审计目标则无此特征。审计目的是回答“为什么进行审计”的问题，表明的是开展审计的原因和愿望，体现了开展审计的动机。审计目标仅表明所要查证的具体方面。

（四）长期和阶段性

审计目的是长期的，而审计目标是阶段性的。审计发展到今天，审计目的始终未发生变化，而审计目标却经历了一个不断变化的过程。

（五）同一和变化

对于不同类型的审计而言，审计目的是同一的，审计目标则是变化的。对任何一种审计来说，审计目的都是相同的，无论是何种审计，其审计目的都可以归结为维护经济秩序和评价经济责任，而审计目标则不然，因审计的种类的不同而有所差异。如财务审计的目标和经济效益审计的目标不同，企业用水审计的目标和环境审计的目标不同，国家审计、社会审计和内部审计的目标亦有所不同。

（六）可分和不可分

审计目的具有不可分性，审计目标则具有可分性。无论是最终审计目的还是直接审计目的都是不可分的，而审计目标则是可分的，审计目标能更好地指导审计实践。

第二节　审计证据

审计证据是指审计人员获取的能够为审计结论提供合理基础的全部事实，包括审计人员调查了解被审计单位及其相关情况和对确定的审计事项进行审查所获取的证据。

审计证据是审计机关和审计人员作出正确审计结论的基础。审计证据贯穿于整个审计过程，是审计人员进行正确判断，形成审计意见、作出审计结论、编写审计报告的基础和依据。审计证据质量的高低决定整个审计工作质量的高低，审计证据是控制审计工作质量的重要手段。

要实现审计目标，就必须收集和评价审计证据，审计人员形成任何审计结论和意见都必须以合理的证据为基础，否则审计报告就不可信赖，没有审计证据或审计证据不充分，审计结论和审计意见便无法形成，即使勉强形成，也会成为缺乏根据的主观臆断，影响审计目标的实现，带来审计风险。

审计人员应当依照法定权限和程序获取审计证据。

一、审计证据的特征

审计证据的特征是适当性和充分性，两者缺一不可，只有充分且适当的审计证据才是有证明力的。

（一）适当性

适当性是对审计证据质量的衡量，即审计证据在支持审计结论方面具有的相关性和可靠性。

相关性是指审计证据与审计事项及其具体审计目标之间具有实质性联系，审计证据应当与审计目标相关，证实被审事项的审计证据之间具有内在关联。相关性是审计证据的基础，涉及证据的收集与评价，是审计人员做好审计计划、编好审计方案的前提。

可靠性是指审计证据真实、可信，指审计证据应当能够如实地反映客观事实，也就是审计证据反映被审计事项客观现实的程度。审计证据的可靠性受其来源和性质的影响，并取决于获取审计证据的具体环境。

（二）充分性

充分性是对审计证据数量的衡量。审计人员在评估存在重要问题的可能性和审计证据质量的基础上，决定应当获取审计证据的数量。

审计证据的充分性是指审计证据的数量与质量足以使得审计人员形成审计意见，是审计人员为形成审计意见所需审计证据的最低数量与质量要求。

审计证据充分性是审计证据证明的充分要求，不具备充分性的审计证据证明是肤浅的、软弱无力的，各国审计准则中都要求审计人员须取得充分适当的审计证据，以支持其审计意见。审计证据充分性的实质性要求是指要求审计人员根据所获证据足以对被审对象提出一定程度保证的结论，正确理解审计证据充分性还必须考虑证据与结论之间的关系，要从证据的概念着手。证据的充分性是指证据对主体内心信念的影响是否足以致使审计主体就欲证对象达到符合要求的保证水平上的确信。要达到这个质方面上的要求，需要一定数量证据的支撑。就独立审计来说，审计证据的充分性是指审计证据足以使得审计人员以符合要求的保证水平确信被审对象是公允表达、无重大错报的。审计人员要达到这一确信状态也需要一定审计证据予以支持，但就此方面若仅对审计证据数量方面提出要求，或过于偏向对审计证据数量方面的要求，可能给具体实务带来偏误性指导。对审计证据充分性不仅要考虑到具体操作性而提出数量方面的要求，更应考虑到审计证据充分性的本质内涵作出实质上的抽象规范与要求，让审计人员在具体环境中，结合被审对象考虑审计证据充分性，以实现审计证据充分性要求的精髓。审计人员应从证据与被审对象之间的关系入手来考虑审计证据的充分性。

二、审计证据相关性分析应当关注的方面

对审计证据进行相关性分析时，应重点关注以下几个方面：

（1）一种取证方法获取的审计证据可能只与某些具体审计目标相关，而与其他具体审计目标无关。

（2）针对一项具体审计目标可以从不同来源获取审计证据或者获取不同形式的审计证据。

（3）审计证据的内容或实体问题而非其形式或方式问题；审计证据既有逻辑意义上的相关，又有经验常识意义上的相关；审计证据相关性涉及的是与待证项目、事项或认定等可能或不可能、是与不是等之类的问题。审计证据的相关性是指审计证据与待证认定之间必然存在的联系，也就是说有某一审计证据比没有该审计证据对待证认定的恰如其是的证明更可能或更不可能时，这一审计证据就具备相关性。

（4）审计人员只能利用与审计目标相关联的审计证据来直接证实或否定被审计单位所认定的事项。在审计过程中往往会搜集到许许多多的审计资料，但能否作为审计证据加以运用还得通过审计人员进行筛选和分析，去粗取精，去伪存真，剔除那些与审计结论无关或关联程度不大的材料，使相关性真正成为审计取证质量的重要保证。

（5）一般审计人员未能熟练掌握规范的审计证据收集方法，使收集的审计证据相关事实不清，取证材料不规范。主要表现在：首先，审计证据与审计定性脱节，审计定性的内容在审计工作底稿中未能找到充分的证据，或者取证的材料含糊不清；其次，审计证据使用了重型词、含糊词，违反什么法规没有定性；最后，取证内容不全，只记录一些数据，没有文字说明材料，以此尽快得到被审计单位的认可，顺利签字盖章等。

（6）审计证据缺乏相关性，不能形成证据链条。在实际工作中，很多审计人员对审计目标认识不够，盲目追求业绩，导致寻找的审计证据与事实不符，不能形成证据锁链，难以支撑审计结论。主要表现在审计证据与审计定性严重脱节，审计定性的内容在审计工作底稿中未能找到充足的证据；在审计取证中没有做到一事一证；使用一些含糊其辞的言语和模棱两可的材料作为证明材料；审计人员对审计证据没有进行分析、比较，认为证据越多越好，取得大量的与审计事项无关、无效、重复、冗余的证据。

三、审计证据的可靠性分析

审计人员可以从下列方面分析审计证据的可靠性。

（1）外部证据和内部证据。从被审计单位外部获取的审计证据比从内部获取的审计证据更可靠。

（2）内部控制。内部控制健全有效情况下形成的审计证据比内部控制缺失或者无效情况下形成的审计证据更可靠。

（3）直接证据和间接证据。直接获取的审计证据比间接获取的审计证据更可靠。

（4）原始证据和加工证据。从被审计单位资料中直接采集的审计证据比经被审计单位加工处理后提交的审计证据更可靠。

（5）原件和复制件。原件形式的审计证据比复制件形式的审计证据更可靠。

不同来源和不同形式的审计证据存在不一致或者不能相互印证时，审计人员应当追加必要的审计措施，确定审计证据的可靠性。

在审计实践中，认定审计证据可靠性可以从以下方面考虑：

（1）审计人员应用自己的知识通过监盘法和亲自重算直接获得的审计证据被认为是最可靠的。

（2）从外部独立来源直接获得的书面证据一般被认为是比较可靠的。

（3）来自被审计单位数据处理系统外部但被审计单位接收和处理的书面证据（即外部—内部证据）一般被认为是可靠的，也就是说，这些有说服力的文档是由其他部门准备或经过其他部门验证，然后给被审计单位的。这些有说服力的证据如签名、印章以及其他正式授权的文档等，是不容易被修改的，这些特别文件比其他普通文件更可靠。

（4）在被审计单位信息系统中产生、传递并最终存贮的内部证据一般被认为可靠性较低。一些这样的内部证据可能很正规，但并非权威可靠。被审计单位内部控制的质量非常重要。这些文件的可靠性取决于被审计单位产生和处理这些文件的内部控制质量。另外，相对于其他类型的证据，这些内部证据一般也比较容易获得，所需的成本也较低。如果内部控制较好，这些内部证据可以被广泛使用。

(5) 通过使用审计人员验证过的特定数据进行分析而获得的审计证据被认为相当可靠。

(6) 以文件、记录形式（无论是纸质、电子或其他介质）存在的审计证据比口头形式的审计证据更可靠。

(7) 被审计单位相关人员所给的口头和书面描述一般被认为是最不可靠的审计证据，这些描述应该有其他类型的证据来加以证实。

(8) 审计证据虽是从独立的外部来源获得，但如果这一证据是由不知情的人或不具备资格的人所提供，审计证据也可能是不可靠的。

四、审计证据种类

审计证据分为实物证据、书面证据、口头证据、环境证据、电子证据、音像证据、鉴定和勘验证据等。

（一）实物证据

实物证据是指审计人员通过实地观察和参加清查盘点所获得的，用以证明有关实物资产是否存在的证据。实物证据对某项实物资产是否存在的证明力最强，效果最为显著，可以对其状态、数量、特征给予有力的证明。在对存货、固定资产、计量器具、节水设施、水处理设施等项目进行审计时，审计人员首先考虑通过观察、监督或参与盘点来取得实物证据以证明其存在状态。

（二）书面证据

书面证据是审计人员通过实施程序和运用不同的方法所获取的以书面资料为存在形式的审计证据，如有关的原始凭证、台账、报表、明细项目表、合同、会议记录和文件、函件、通知、报告书、声明书、程序手册等。书面证据是审计人员收集的数量最多、范围最广的一种证据。

书面证据的特点，一是数量多，二是覆盖范围广，三是来源渠道多样化，四是容易被篡改。根据这些特点，审计人员收集书面证据时，要注意对其进行认真细致的鉴定和分析，运用专业判断，辨别真伪，充分正确地利用书面证据。

书面证据按其来源渠道可以分为亲历证据、外部证据和内部证据三类。

1. 亲历证据

亲历证据是指由审计人员通过运用专业判断和相应的程序与方法，对被审事项的有关项目进行测试或对有关资料计算和分析而得到的证据，包括审计人员测试记录、编制的各种计算表、分析表等。亲历证据强调的是审计人员亲自动手测试或对有关基础资料重新加工，按照既定的目标所确定的程序进行计算和分析，较其他来源形式证据更具可靠性。

2. 外部证据

外部证据指由被审计单位以外的，与被审事项有一定联系的第三者提供的相关证据。外部证据除有关单位提供的业务询证证据和书面证明以外，还包括不在书面证据范围内的有关实物证据和外部人员的陈述等。

3. 内部证据

内部证据是指由被审计单位内部机构或职员编制并提供的有关书面证据。内部书面证据的可靠性一般不如外部书面证据强，而且内部书面证据由于形式的不同其可靠性也不尽相同。根据内部书面证据可靠性的强弱，可以划分以下三类：一是由被审计单位外部组织或部门规定统一格式和填制要求的，而由被审计单位内部职员填制并提供的有关书面证据，如由税务监制的销货发票（含普通发票和增值税专用发票）、银行统一印制的各种支票和汇票、由财政部门监制的财政收费收据等；二是由被审计单位有关人员编制和填报用于对外公布但无格式和规范要求的内部证据，如经济业务合同、文件和内部定额标准等；三是那些既无规范要求或者无任何外部单位制约，且无需公开的由被审计单位有关人员填制并出具的资料，如自制的原始凭证、记账凭证、会计账簿记录等。

（三）口头证据

口头证据是经审计人员询问而由被审计单位有关人员进行口头答复所形成的审计证据。在审计过程中，审计人员往往要就以下事项向有关人员进行询问，一是被审事项发生时的实况，二是对特别事项的处理过程，三是采用特殊处理方法的理由，四是对舞弊事实的追溯调查，五是可能事项的意见或态度等。

审计人员获取口头证据的目的不外乎两个方面。一是为了印证某一结果是否与审计人员判断相一致；二是审计人员发掘一些新的重要审计线索，从而有利于对有关事项进行进一步调查取证。审计人员对各种重要的询问回复要做好笔录，注明被询问人姓名、时间、地点和背景，一般应要求被询问人确认并签名。

（四）环境证据

环境证据也称为状况证据，是指影响被审计事项的各种环境事实。环境证据一般不属于基本证据，不能用于直接证实有关被审计事项，但可以帮助审计人员了解被审计事项所处的环境或发展的状况，为判断被审计事项和确证已收集其他证据的程度提供依据。环境证据是审计人员进行判断所必须掌握的资料。环境证据包括反映内部控制状况的环境证据、反映管理素质的环境、反映管理水平和管理条件的环境证据。

环境证据最突出的特点是能帮助审计人员正确评价有关资料所反映信息的总体可靠性，对证实总体合理性这一审计目标有意义。运用调查、询问和观察等手段是审计人员获取环境证据的有效途径，可通过设计调查表、记录询问观察事项等方式来形成审计记录，作为环境证据。

（五）电子证据

随着信息技术的发展，企业管理上大量应用了计算机和互联网技术，ERP 系统已为很多企业所采用，有些企业配备了完善的管理系统，形成了大量的数据信息。因此，电子信息也成为审计工作的一项重要审计证据。

审计人员获取的电子审计证据包括与信息系统控制相关的配置参数、反映交易记录的电子数据等。采集电子证据，也有相应的要求。审计人员采集被审计单位电子数据作为审计证据的，审计人员应当记录电子数据的采集和处理过程。

（六）音像证据

音像证据是指以录音录像证明审计事项的视听资料。

（七）鉴定和勘验证据

鉴定和勘验证据是指专门机构或者专门人员的鉴定结论和勘验笔录。

由于审计人员相关专业知识水平所限，可以请具备专门知识或相应资质的专门机构或者专门人员，对相关事项进行鉴定、勘验测试等。其出具的结论或报告可以作为审计证据。当然，这类证据也可以归入书面证据。

五、审计证据的主要内容

审计证据内容包括标准、事实、影响、原因。审计人员对于重要问题，可以围绕下列方面获取审计证据。

（一）标准

标准即判断被审计单位是否存在问题的依据，主要有法律法规、规章、规范性文件、技术标准、技术规范等。

要判断被审计单位被审计事项、被审计企业用水方面是否存在问题，就要寻找相关的依据，作为判定标准。

（二）事实

事实是指事情的真实情况，包括事物、事件、事态，即客观存在的一切物体与现象、社会上发生的不平常的事情和局势及情况的变异态势。这里事实就是客观存在和发生的情况，事实与标准之间的差异构成审计发现的问题。

企业用水方面既有用水量、排水量、排水水质、水温、用水技术经济指标等数据事实，也有用水管网、用水工艺、用水设备、用水管网泄露等事实。

（三）影响

影响指以间接或无形的方式来作用或改变，这里影响即问题产生的后果。如循环水浓缩倍数过低，必然造成排污量加大、补水量增大的后果。

（四）原因

原因一是指原来因为，二是指造成某种结果或者引发某种事情的条件。这里原因是指问题产生的条件。如单位产品取水量超过定额，其产生的原因可能是管网泄露、用水工艺不合理、用水控制参数不合理、水质不符合要求等。

原因根据其深度不同，可以分为直接原因、主要原因和根本原因。直接原因是最直接引发事件的偶然性因素（导火线、借口等），主要原因包括引发事件的主观、客观各方面重要因素，根本原因是历史趋势（生产力发展、时代要求）及主观需要等。

第三节　审 计 记 录

审计人员应当真实、完整地记录实施审计的过程、得出的结论和与审计项目有关的重要管理事项，以支持审计人员编制审计实施方案和审计报告、证明审计人员遵循相关法律法规和审计准则，便于对审计人员的工作实施指导监督和检查。

记录作为汉语词语，是指把所见所闻通过一定的手段保留下来，并作为信息传递开去。记录是科学研究的基本方法之一。在科学研究过程中，将观察到的事实（证据）、实践操作的过程，以及产生的想法和问题，用文字、图画等形式记下来。在质量管理体系中，记录指阐明所取得的结果或提供所完成活动的证据的文件。

审计记录是审计工作过程中的记录。

一、审计记录的种类

审计记录包括调查了解记录、审计工作底稿和重要管理事项记录。

（一）调查了解记录

在编制审计实施方案前，应当对调查了解被审计单位及其相关情况作出记录。调查了解记录的内容主要包括：

（1）对被审计单位及其相关情况的调查了解情况；

（2）对被审计单位存在重要问题可能性的评估情况；

（3）确定的审计事项及其审计应对措施。

（二）审计工作底稿

审计工作底稿主要记录审计人员依据审计实施方案执行审计措施的活动。

审计人员对审计实施方案确定的每一审计事项，均应当编制审计工作底稿。一个审计事项可以根据需要编制多份审计工作底稿。

1. 审计工作底稿的内容

审计工作底稿的内容主要包括：

（1）审计项目名称；

（2）审计事项名称；

（3）审计过程和结论；

（4）审计人员姓名及审计工作底稿编制日期并签名；

（5）审核人员姓名、审核意见及审核日期并签名；

（6）索引号及页码；

（7）附件数量。

2. 审计工作底稿记录的审计过程和结论

审计工作底稿记录的审计过程和结论主要包括：

（1）实施审计的主要步骤和方法；

（2）取得的审计证据的名称和来源；

（3）审计认定的事实摘要；

（4）得出的审计结论及其相关标准。

（三）重要管理事项记录

重要管理事项记录应当记载与审计项目相关并对审计结论有重要影响的下列管理事项：

（1）可能损害审计独立性的情形及采取的措施；

（2）所聘请外部人员的相关情况；

（3）被审计单位承诺情况；

（4）征求被审计对象或者相关单位及人员意见的情况、被审计对象或者相关单位及人员反馈的意见及审计组的采纳情况；

（5）审计组对审计发现的重大问题和审计报告讨论的过程及结论；

（6）审计机关业务部门对审计报告、审计决定书等审计项目材料的复核情况和意见；

（7）审理机构对审计项目的审理情况和意见；

（8）审计机关对审计报告的审定过程和结论；

（9）审计人员未能遵守本准则规定的约束性条款及其原因；

（10）因外部因素使审计任务无法完成的原因及影响；

（11）其他重要管理事项。

重要管理事项记录可以使用被审计单位承诺书、审计机关内部审批文稿、会议记录、会议纪要、审理意见书或者其他书面形式。

二、审计记录附件

审计证据材料应当作为调查了解记录和审计工作底稿的附件。一份审计证据材料对应多个审计记录时，审计人员可以将审计证据材料附在与其关系最密切的审计记录后面，并在其他审计记录中予以注明。

三、对审计工作底稿的审核

（一）审核人

审计组起草审计报告前，审计组组长应当对审计工作底稿进行审核。

（二）审核事项

审核的事项如下：

（1）具体审计目标是否实现；

（2）审计措施是否有效执行；

（3）事实是否清楚；

（4）审计证据是否适当、充分；

（5）得出的审计结论及其相关标准是否适当；

（6）其他有关重要事项。

（三）审核意见

审计组组长审核审计工作底稿，应当根据不同情况分别提出下列意见：

（1）予以认可；

（2）责成采取进一步审计措施，获取适当、充分的审计证据；

（3）纠正或者责成纠正不恰当的审计结论。

第四节　审计方法

审计方法指审计人员为完成审计工作，达到审计目标而采用的各种手段，是审计人员检查和分析审计对象，收集审计证据，并依据审计证据形成审计结论和意见的各种专门手段的总称。审计方法按不同的分类标准，可以划分成很多种，形成了不同的体系。

一种划分方法把审计方法分为审计计划方法、审计实施方法和审计管理方法，还有一种划分方法把审计方法分为审计战略方法、审计手续方法、审计技术方法，当然还有不同的体系划分。

审计战略方法是审计方法的总纲，是对审计总体的把握，决定着审计成败；审计手续方法是一系列的审计技术方法的组合，是对审计各个环节的把握，决定着审计效率高低和效果好坏；审计技术方法是对审计关键节点的把握，决定着审计质量高低。三者彼此之间相辅相成、相得益彰，共同构成完整的审计方法体系，确保达到审计目的和实现审计作用。

这里重点介绍审计技术方法，在某个方法体系里也称之为审计实施方法。

一、账面审查法

账面审查法是基本的审计方法之一，具体有审阅法、核对法等，在顺序上有顺查法、逆查法等。

（一）审阅法

审阅法是企业用水审计人员最基本、最常用的技术方法，包括企业用水报表的审阅，企业用水台账的审阅和原始计量、记录凭证的审阅。经过审阅，审计掌握了一定线索，然后可决定进一步审计的对象和方法。

对报表审阅时，要注意有关各项用水技术经济指标的对应关系，各个项目的数额是否正常、主表和附表之间有关数字和合计是否相符等。如企业成本中水所占的数额和各个车间水所占的数额，企业用水和分厂车间用水的逻辑关系，主要产品和中间产品的逻辑关系等。

审阅企业用水台账时，要注意所列用水二级单位的划分和用水种类的正确性，分清用水来源。

审阅凭证时，主要查看原始凭证上的日期、表底数、数量等，注意字迹有无涂改，有无不正常迹象，注意抄表人员的签字。

这种方法是用水审计人员最常用的基本方法之一，通过审阅，可以很快地了解这个单位的用水状况和相关情况，并可以发现主要问题的线索。但使用这种方法需要具有扎实的企业用水知识和账面知识，较熟练的查账技术和较高的政策水平。

（二）核对法

核对法是指一种记录或资料同另一种相关联的记录或资料进行对照，特别是台账和计量凭证对照，以检查其数据是否一致、计算是否正确的方法。

核对法要做到账表核对、账账核对、账证核对。

账表核对，是账簿记录与报表有关数字相核对，查明账表是否相符。核对报表时应注意各项指标是否以账簿为依据，有无篡改或虚构的情形。

账账核对，主要是把总分类账与明细分类账的相关账户进行核对。

账证核对，账簿记录与会计凭证相核对，查明账证是否相符。对于账账核对中的疑点，也应抽查凭证，并将其与账簿互相核对。

（三）顺查法

顺查法也称正查法，是按照企业用水活动、用水计划编制程序，顺序进行审查的一种方法。这种方法从基础材料即各种原始资料着手开始审查，着重于凭证审查和数据的核对。例如，对用水计划进行审查时，应按用水计划编法的程序顺序审查，首先根据以产量、工时定水量的原则，先审查供水能力的计算是否真实、正确，然后顺序查核计划生产量、用水量，再查核用水量是否正确、可靠。

此法的优点是系统、全面，可以避免遗漏，便于查证资料，取得证据。缺点是工作量太大，耗费人力和时间较多，由于面面俱到，抓不住审查的重点。

（四）逆查法

逆查法亦称“倒查法”，指按企业用水活动等程序，反顺序进行查的一种方法。由于检查的程序是与原程序相反，故称倒查法。

逆查法的优点是从大处着手，能抓住重点进行深入细致的审查，节约人力和审查时间。缺点是不能全面审查问题，容易疏忽遗漏。

二、现场法

现场法是企业用水审计中所用最多的、也最为有效的一种用水审计方法。主要有水表抄表法、现场测试法等，现场测试法包括水量测试、水温测试、水质测试等。在能源审计、环境审计中，现场审计方法也是很多的，专项审计各有其特殊适用性的方法。

（一）现场查勘

现场查勘主要察看企业用水水源、企业用水工艺、企业主要供水用水排水管网。企业主要用水设施、企业给水处理设施、企业污水处理设施等。

现场查勘中要察看水源的真实性和供水能力，查看企业用水工艺的情况，查看企业储水设施和企业水处理设施的完好情况和运行情况。

（二）水表核对

水表核对是一项简单而又细致的现场工作。企业水的计量器具种类不同、自动化程度不同。企业水表有机械式水表，有电子式水表，有的带远传功能，有的没有远传功能等，还有水表带有倍率，各种情况不一而足。

对于具有远传功能的水表，要核对其远传数据和就地显示数据的一致性。要核对表底数、计量数和最近一次抄表单的一致性。

（三）现场流量测试

现场流量测试一般使用超声波流量计等可以管外测量的仪器仪表，也可使用堰测法等测量方法。各种测量方法请参考相关仪器仪表的说明书和相关国家标准，这里不再多做介绍。

（四）现场水温测量

对于循环冷却水系统，水温和进出口温差是重要的运行参数，也是循环冷却水系统运行是否合理的重要标志。现场水温测试可以直接读取现场仪表显示的数据，也可以使用水银温度计、酒精温度计、热电阻温度计等直接测量。

（五）现场水质测试

可以现场取样，确定水质是否满足用水工艺要求，也可用来计算浓缩倍数等运行参数。

三、分析法

分析法是企业用水审计的一种重要方法，分析对象有企业用水工艺、企业用水系统、企业水平衡、企业用水技术经济指标等，分析方法有比较法、趋势分析等多种。从分析方法本身来说，又分为定性分析方法和定量分析方法两类。

（一）比较法

比较法又称对比法、比较分析法，主要是通过企业用水参数、企业用水技术经济指标等不同时期资料的对比，从中发现问题。这种方法是企业用水审计人员最常用、最简单的一种方法。利用对比法，可以研究检查用水计划完成情况、企业生产计划完成情况，确定计划执行中发生的差异，有助于发现企业内部的潜在力量。

比较法的实质是数量之间的对比分析，在使用时，企业用水审计人员应注意分析指标的可比性与比较标准的合理性。进行比较的指标应在时期、范围、内容、项目、计算方法等方面大体一致，方能进行比较。

在实际工作中，可根据不同要求，进行各种不同内容的分析，如实际指标与计划指标对比、本期指标与历史同期指标对比、本企业指标与同行业先进企业指标对比等。

（二）比率法

比率法是指企业用水审计人员在审计过程中，利用审计事项存在一个指标对另一个指标的比例关系，进行比率数值分析的一种方法。比率法可以把某些不可能直接对比分析的指标经过计算得出其比率后，利用其比率数值进行分析，以得出评价的结果。

在日常审计工作中，常用的有相关比率分析法、结构比率分析法和动态比率分析法等三种比率分析法。

相关比率分析法是利用两个性质不同但又有相关的技术经济指标加以对比分析的一种技术方法。常用的方法有：一是以某个指标和其他指标加以对比，求出比率，进行深入的分析、评价；二是依据一些技术经济指标之间客观存在着相互依存、相互联系的关系，将两个性质不同但又相关的相对数加以比较，进而比较分析。

结构比率分析法是通过计算各指标占总体指标的比重来进行评价分析的一种方法。其分析步骤是确定某一技术经济指标各个组成部分占总体的比重，观察其构成内容及其变化，分析其特点，评价其趋势。

动态比率分析法是将不同时期同类指标的数值进行对比分析的一种分析方法。一般分为环比比率法和定比比率法两种类型。环比是将分析期各个时期的数量都和上一期数量相比，来计算其增减比率；定比是以某一时期的数量为基数，将分析期各个时期的数量与基期数量相比，来计算其增减比率。

（三）趋势法

趋势法是企业用水审计人员利用检查资料的数据呈时间顺序排列的特征，进行趋势分析、推测、评估和寻找问题的一种方法。

（四）预测法

预测法是指企业用水审计人员根据审计信息资料，动用一定的定量分析方法或定性分析方法，对企业用水的趋势进行估计和测算的一种方法。预测法分为两大类：定量预测方法和定性预测方法。

定量预测方法指企业用水审计人员运用回归预测法、平滑预测法、弹性分析法、投入产出法、经济计量模型法等预测技术方法进行的审计预测分析，其特征是根据企业用水的历史数据或者观察值，运用一定的数学方法，通过建立数学模型的形式，求出用水变量的预测值。其优点是能对企业用水进行详细的预测分析；通过建立预测模型，精确度高；预测工作投入时间少，效率高。缺点是对缺乏有关数据的审计事项，无法采用通过模型的手段进行分析，也不能处理不能用用水变量表示的审计事项的预测分析。

定性预测方法指依靠企业用水审计人员的经验进行主观判断、逻辑推理的方法，如专家预测法、主观概率法、决策树法等，其特征是依靠企业用水审计人员的主观判断、经验分析、逻辑推理来进行审计预测分析。其优点是能模拟企业用水的未来趋势，处理不能用变量表示的复杂的企业用水事项，即使在有关数据缺乏的情况下，也能进行审计预测。其缺点是不能给出定量的预测分析模型，其证据力相对较弱。

（五）因素法

因素法是企业用水审计人员利用企业用水各个技术经济指标存在的相关关系，多因素地分析、测算其各个指标变动对企业用水影响程度的一种方法。在广义上，因素法包括回归分析法、连锁替代法、主次分析法等；在狭义上，仅指连锁替代法。在审计工作中，除了对企业用水进行结构或比率分析以外，还要进一步分析由于因素变动所引起的影响的情况，以此分析哪些是积极因素，哪些是消极因素，哪些是主观因素，哪些是客观因素，以便得出符合实际的审计结论。

在企业用水审计中，需要对水平衡、用水工艺、用水过程、用水技术经济指标、用水过程参数、用水设备（包括管网）等进行分析。

随着信息技术的发展，审计技术方法也随之发展。从原来单一的手工审计方法，逐渐发展到人工与计算机相结合的审计方法，甚至还发展了计算机审计方法。这些方法都要在审计过程中去探索、去应用、去完善。

四、获取审计证据的主要方法

审计人员可以采取下列方法向有关单位和个人获取审计证据。

（一）检查

检查是指对纸质、电子或者其他介质形式存在的文件、资料进行审查，或者对有形资产进行审查。

（二）观察

观察是指察看相关人员正在从事的活动或者执行的程序。

（三）询问

询问是指以书面或者口头方式向有关人员了解关于审计事项的信息。

（四）外部调查

外部调查是指向与审计事项有关的第三方进行调查。

（五）重新计算

重新计算是指以手工方式或者使用信息技术对有关数据计算的正确性进行核对。

（六）重新操作

重新操作是指对有关业务程序或者控制活动独立进行重新操作验证。

（七）分析

分析是指研究财务数据之间、财务数据与非财务数据之间可能存在的合理关系，对相关信息作出评价，并关注异常波动和差异。在企业用水审计中，指用水数据之间、用水数据和其他相关数据之间的分析。

第五节　审计种类

根据审计主体的不同，审计分为国家审计（政府审计）、民间审计（第三方审计）和企业内部审计。

一、国家审计

国家审计也称政府审计，是指由国家审计机关所实施的审计。根据《中华人民共和国审计法》规定，我国的审计机关依照法律规定独立行使审计监督权，不受其他行政机关、社会团体和个人的干涉。国家审计基本格局是：本级预算执行审计工作体系初步建立，并向综合财政审计展开；围绕建立现代企业制度，改进企业审计办法，实施真实性审计；适应反腐倡廉需要，初步建立起领导干部经济责任审计制度；结合中心工作，突出了行业同步审计，不断深化各项专业审计。审计监督的法律法规体系基本建立，审计执法力度加大。审计法律法规的制定，促进了审计质量和效率的提高。

国家审计的主要特点就是法定性。国家审计是一种法定审计，被审计单位不得拒绝。审计机关作出的审计决定，被审计单位和有关人员必须执行。审计决定涉及其他有关单位的，这些单位应当协助执行。

（一）国家审计的对象

审计的对象或客体，即哪些部门和单位必须接受审计。依据《宪法》和《审计法》规定，必须接受审计的部门和单位包括：国务院各部门、地方人民政府及其各部门，国有的金融机构，国有企业和国有资产占控股地位或者主导地位的企业，国家事业组织，其他应当接受审计的部门和单位，以及上述部门和单位的有关人员。审计的内容是这些部门和单位的财政收支和财务收支。接受审计监督的财政收支，是指依照《中华人民共和国预算法》和国家其他有关规定，纳入预算管理的收入和支出，以及预算外资金的收入和支出。接受审计监督的财务收支，是指国有的金融机构、企业事业单位以及国家规定应当接受审计监督的其他各种资金的收入和支出。财政、财务收支的划分不是截然对立的，在某些方面它们是重合或交叉的。

国家审计也进行专项审计，如国家审计署就设置了资源环境审计司。

（二）国家审计基本特点

国家审计的基本特点是独立性、强制性。

1. 独立性

国家审计的独立性，表现在组织独立性、工作独立性、人事独立性和经济独立性。

(1) 组织独立性。

审计机构是单独设置的，不隶属于其他任何部门或业务机构。审计署受国务院总理领导，地方审计机关受各级地方人民政府主要负责人的领导，同时，独立于被审单位，与被审单位在组织上无行政隶属关系。

(2) 工作独立性。

审计机构与人员不直接参加日常的经济计划与管理工作，审计人员是按照《宪法》《审计法》等法律赋予的职责进行工作的，独立编制审计计划，独立取证和审核检查，作出评价，独立作出审计结论，提出处理意见，不受其他行政机关、社会团体和个人的干涉，这种监督具有法律效力。

(3) 人事独立性。

审计署审计长由总理提名，全国人大常委会任命，地方各级审计机关主要负责人，由政府提名，地方人大常委会任命。而且下级审计机关负责人的任免调动，要征求上级审计机关意见，这种人事安排的独立性，有利于保持稳定性。

(4) 经济独立性。

国家审计的审计经费及收入有稳定的来源，不受被审计单位的制约。经费是独立的，列入财政预算，由各级政府承担，保证其执法的独立客观性。同时，按照《审计法》及审计署制定的审计规范，审计机关对被审计单位违反国家规定的财政财务收支行为和违纪违法行为，不仅拥有检查权，而且拥有行政处理权、移送行政处理及提请司法处理权等，具有很强的独立性。

2. 强制性

国家审计的强制性，表现在主导地位、审计立项、审查权限和审计处理四个方面。

(1) 主导地位。

国家审计是依据宪法在县级以上人民政府内部建立的，代表国家实施审计监督，并在业务上对内部审计和社会审计进行管理、指导和监督。这种管理、指导和监督是强制性的，是不以内部审计和社会审计的意愿为转移的，构成了国家审计在整个审计组织体系中的主导地位。

(2) 审计立项。

国家审计的审计立项可以根据自我编制的年度审计计划，也可以根据本级人民政府或上级审计机关临时交办的事项，还可根据国家审计组织本身临时掌握的线索等，由此可见，国家审计的审计立项是以法定程序和自我工作需要为主要依据的，而不受被审计单位和其他方面的左右和干涉。

（3）审查权限。

国家审计机关依照国家法律规定独立行使审计监督权，不受其他行政机关、社会团体和个人的干涉。这既反映了国家审计的独立性，也表现出国家审计的强制性。因为在这种审计活动中，国家审计机关是行为主体，其审计程序、审计方法方式的运用或选用是以完成审计任务、提高审计工作效率为指导原则的，被审计单位在审计活动中的配合情况尽管也影响着审计工作效果，但总体上讲，被审计单位必须无条件接受审计机关的监督检查。

（4）审计处理。

就某一项具体的国家审计工作而言，在其最后阶段应写出审计报告，作出审计结论和决定，并送达被审计单位及有关协助执行部门或单位，这些单位或部门应主动地、自觉地予以执行或协助执行，部门或单位没有或不准备主动、自觉执行或协助执行审计决定时，审计机关可采取相应措施使审计结果得到强制执行。

3. 权威性

国家审计的权威性表现在其法律地位、独立地位和超然地位。

（1）法律地位。

规范国家审计行为的《审计法》在我国法律体系中处于较高的地位。《宪法》是国家的根本大法，把审计监督制度确立为国家财经经济管理中的一项基本制度。《审计法》是具体规定国家审计监督制度的基本法律，以《宪法》关于审计监督的规定为依据，是对《宪法》有关规定的具体化，在规范国家审计监督制度方面，是仅次于《宪法》的国家法律。同时其他行政法律也是国家审计机关对被审单位审计并对审计中发现问题进行处理、处罚的依据。

（2）独立地位。

审计机关与审计人员根据《宪法》规定直接在各级人民政府的主要行政首脑的领导下，依法独立行使审计监督权并向其负责和报告工作，不受本地行政机关、社会团体和个人的干涉，使国家审计具有代表行使监督权力的权威性。

（3）超然地位。

根据《审计法》规定，审计机关不但可以对各级政府机构、国有大中型企业事业单位进行经济监督，还可以对经济执法部门如财政、税务、金融、工商行政、物价、海关等专业经济监督部门进行“再监督”，促使其依法履行监督职责。不仅可对微观层次进行监督，而且可对宏观管理层次加以监督。由于审计机关专司审计监督，不承担其他业务工作，与其监督对象无直接利害关系，居于客观公正的超脱地位，其监督工作更具有权威性。

4. 综合性

国家审计是综合性的经济监督部门，一方面具有监督面广的特点，通过对综合反映经济活动的财政、财务收支进行审查、鉴证、评价，从不同侧面、不同环节上监视着经济活动的运行轨迹，在宏观调控中发挥着其他经济监督无法替代的综合性作用；另一方面具有监督层次广的特点，不仅可通过大量的微观审计，直接督导微观主体依法开展经济活动，促进宏观调控措施在微观层次的落实和微观经济效益的提高，而且能够通过对广泛的微观审计活动的综合分析，向决策部门反映情况，提出建议，促进宏观调控的改进与完善，间接提高宏观经济效益。

一般的专业经济监督，其监督职能只是在特定范围内的单项监督，而国家审计则可对这些专业经济形式各业务范围内的经济活动进行监督与再监督，形成不同层次、不同角度的经济监督网络，加之在审计监督的过程中，国家审计监督具有独立性强、强制性大、权威性高的特点，使国家审计监督具有一定综合协调作用。

（三）国家审计程序

国家审计程序一般包括制订审计项目计划、审计准备、审计实施和审计终结四个环节。

1. 制订审计项目计划

审计机关根据国家形势和审计工作实际，对一定时期的审计工作目标、内容、重点、保证措施等进行事前安排，作出审计项目计划。

2. 审计准备

根据审计项目计划确定的审计事项组成审计组，并应当在实施审计三日前，向被审计单位送达审计通知书；遇有特殊情况，经本级人民政府批准，审计机关可以直接持审计通知书实施审计。

上级审计机关对统一组织的审计项目应当编制审计工作方案，每个审计组实施审计前应当进行审前调查，编制具体的审计实施方案。

3. 审计实施

审计人员通过审查会计凭证、会计账簿、财务会计报告，查阅与审计事项有关的文件、资料，检查现金、实物、有价证券，向有关单位和个人调查等方式进行审计，取得证明材料，并按规定编写审计日记，编制审计工作底稿。

4. 审计终结

审计组对审计事项实施审计后，应当向审计机关提出审计组的审计报告。审计组的审计报告报送审计机关前，应当征求被审计对象的意见。

审计机关对审计组的审计报告进行审议，提出审计机关的审计报告；对违反国家规定的财政收支、财务收支行为，依法应当给予处理、处罚的，在法定职权范围内作出审计决定或者向有关主管机关提出处理、处罚的意见。

二、民间审计

民间审计是指依法成立的民间审计组织接受委托，对被审计者的财务收支及其经济活动的真实性、合法性、效益性，依法独立进行审计查证和咨询服务活动。

（一）与国家审计的区别

相对于审计客体而言，国家审计和民间审计均是外部审计，都具有较强的独立性，但两者在许多方面存在区别。

1. 审计目标

国家审计是国家审计机关对财政财务收支情况进行审计工作，而民间审计是民间审计机构对企业每年的财务报表、企业生产经营进行的审计工作。

2. 审计标准

国家审计是审计机关依据《中华人民共和国审计法》和《审计准则》等进行的审计，而民间审计是民间审计机构依据《中华人民共和国注册会计师法》和中国注册会计师审计准则进行的审计工作。

3. 经费来源

国家审计所需要的经费由财政支付，不需要被审计单位提供，审计工作的独立性很强，有很强的参考价值。而民间审计是由民间审计机构完成，作为一个企业，其收入理所当然来源于被审计单位，因此在审计工作中相对来说独立性可能没那么强，但是可以作为政府审计工作的参考资料。

4. 取证权限

国家审计机关有权就审计事项的有关问题向有关单位和个人进行调查，并取得有关证明材料，有关单位和个人应当支持、协助审计机关工作，如实向审计机关反映情况，提供有关证明材料，国家审计具有行政强制力。民间审计机构在获取证据时很大程度上依赖于被审计单位及相关单位的配合和协助，对被审计单位及相关单位没有行政强制力。

5. 问题处理

国家审计人员不仅要出具审计意见书，而且对相关违规行为要做出审计决定或者向有关主管机关提出处理、处罚意见。民间审计对审计过程中发现需要调整和披露的事项只能提请被审计单位调整和披露，没有行政强制力，如果被审计单位拒绝调整和披露，审计人员可以出具保留意见或否定意见的审计报告。考虑到审计范围可能受到被审计单位或客观环境的限制，审计人员还可以出具保留意见或无法表示意见的审计报告 。

（二）民间审计的程序

在实施审计时，民间审计机构有责任为达到审计目标实施相应的审计程序，进行相应审查。恰当的审计程序有助于审计工作循序渐进，有条不紊地达到审计目的。由于民间审计是委托审计，是按委托者的要求进行的，与国家审计的程序不完全相同。民间审计的程序一般可分为委托阶段、实施阶段、报告阶段和立卷归档阶段等四个阶段。

1. 委托阶段

民间审计只有在接受委托人委托后才能开展工作，这种委托来自两个方面：一是国家审计机关的委托，二是社会其他单位、部门的委托。审计的目标、内容和范围由委托审计单位指定，民间审计组织与委托审计单位存在一定的权利义务关系。为了准确无误地行使和承担各自的权利和义务，在委托方委托时认为可以接受委托，双方要签订协议。这样委托阶段就必然要包括两个过程：一个是要进行洽谈、签约的委托过程，另一个是研究制订出审计方案的准备过程。

2. 实施阶段

民间审计的实施阶段是审计方案具体执行的过程，是按照协议书的内容要求，围绕审计目标采取必要的审计手续，运用各种有效的审计技术方法，取得各种审计证据和相关资料，查清情况和问题的过程。实施阶段是把审计方案化为具体实施行动的阶段，一般要进行以下几项工作：

(1) 拟定调查提纲；

(2) 审阅核对报表、账册、凭证；

（3）清查库存现金、财产物资、现场设备设施及其运行情况等；

（4）做好审计记录和取证工作；

（5）对获得的各种证据、资料进行综合分析判断；

（6）调整错弊事项，校正核算资料；

（7）做出审计评价。

3. 报告阶段

审计工作按照委托书（协议或合同）的内容要求基本查完以后，就要转入报告阶段，在审计实施基础上对审计事项做出实事求是的结论，提出审计建议。这一阶段要做好以下几方面的工作：

（1）归纳问题，进一步核实资料；

（2）座谈讨论，做出审计结论；

（3）写好审计报告；

（4）征求意见，审定审计报告；

（5）发送报告，总结工作。

4. 立卷归档阶段

每一项审计业务结束后，将审计过程中积累起来的一系列审计文书，包括审计报告、证据、分类汇总表和原始材料等由相关审计人员进行集中整理和鉴别。根据合理取舍的标准进行立卷归档。审计档案要区分定期或长期分类保管，以便参考，未经法定程序批准不得任意销毁。

（三）委托人

民间审计的委托人可以是国家审计机关、政府职能部门、企业和第三方。

委托人不同，审计目标一般不同。

三、企业内部审计

内部审计是一种独立、客观的确认和咨询活动，旨在增加价值和改善企业的运营，通过应用系统、规范的方法，评价并改善风险管理、控制和治理程序的效果，帮助企业实现其目标。

内部审计是外部审计的对称。由本企业内部的独立机构和人员对本企业的财政财务收支和经济活动、能源、环境、水资源等进行的事前和事后的审查和评价，是为加强管理而进行的一项内部经济监督工作。

内部审计机构在企业内部专门执行审计监督的职能，不承担其他经营管理工作，直接隶属于企业最高管理当局，并在企业内部保持组织上的独立地位，在行使审计监督职责和权限时，内部各级组织不得干预。但是，内部审计机构终属企业领导，其独立性不及外部审计；所提出的审计报告只供企业内部使用，在社会上不起公证作用。

（一）内部审计主要特点

内部审计有以下主要特点：一是审计机构和审计人员都设在各企业内部；二是审计的内容更侧重于经营过程是否有效、各项制度是否得到遵守与执行；三是服务的内向性和相对的独立性；四是审计结果的客观性和公正性较低，并且以建议性意见为主。

（二）内部审计的作用

内部审计在企业内部监督制度中的重要作用主要体现在预防保护、服务促进和评价鉴证三个方面。

1. 预防保护作用

内部审计机构通过对财务部门和经济活动部门、生产部门工作的监督，有助于强化企业内部管理控制制度，及时发现问题纠正错误，堵塞管理漏洞，减少损失，保护资产的安全与完整，提高会计资料和相关资料的真实性、可靠性。

2. 服务促进作用

内部审计机构作为企业内部的一个职能部门，熟悉企业的生产经营活动等情况，工作便利。通过内部审计，可在企业改善管理、挖掘潜力、降低生产成本、提高经济效益等方面起到积极的促进作用。在专项审计中，可促进提高能源、水、资源等的利用效率，提高环境、能源、水、资源的管理水平。

3. 评价鉴证作用

内部审计是基于受托经济责任的需要而产生和发展起来的，是经营管理分权制的产物。随着企业规模的扩大，管理层次增多，对各部门经营业绩的考核与评价是现代管理不可缺少的组成部分。通过内部审计，可以对各部门活动作出客观、公正的审计结论和意见，起到评价和鉴证的作用。

（三）内部审计发展趋势

新形势下，企业内部审计呈现出五大总体发展趋势：内部审计由合规导向型向管理导向型转变，注重管理审计，审计工作方法标准化，审计职能组织集中化，通过内部审计机制培养企业经理。

1. 内部审计由合规导向型向管理导向型转变

企业调查显示，有三分之一的企业内部审计为管理导向型或偏向管理导向型，以增加企业内部审计的附加值；另有约40%的企业把自己定义为介于合规导向型审计和管理导向型审计之间；而纯合规导向型或偏合规导向型的企业只占了不到调查总数的30%。由此可见，大型国有企业应努力向国际接轨，从传统的合规导向型内部审计转向管理导向型内部审计，帮助企业提升价值。

2. 内部审计重点由财务审计向管理审计转变

企业调查显示，近70%企业的内部审计部门重视管理审计，通过审查流程和分析系统来提高企业的运行效率，并确保对业务流程和结构的战略性塑造。仅有6%的企业还未开展管理审计的业务。由此可见，财务报告和合规性审计在大型企业内部审计职责中所占比例越来越少，而管理审计的业务将成为未来内部审计的主要职责。国有企业应参考国际经验，完成其内部审计职能的转型。

3. 内部审计工作方法在企业范围内逐步标准化

随着企业内部审计向管理导向型转变以及内部审计管理工具部署的不断加强，企业从事内部审计的部门变得与其他专业服务行业的机构（比如咨询公司）非常类似，独立地为企业提供大规模的综合审计业务。企业调查显示，67%的企业的内审标准化处在一个平均水平，掌握高标准化内部审计体系的企业比内部审计标准化开展度低的企业多出了17%。同时，越来越多的企业利用适当的IT工具对财务报告和合规性审计进行自动分析，在这种情况下，审计问题往往通过系统化的IT风险分析进行识别。需要指出的是，虽然有超过60%的企业未配备集成的审计管理工具，但这些企业通常只是进行小规模的内部审计；当企业涉及较大规模的内部审计工作时，往往会引入适用的管理软件或者内部开发相应的管理工具。只有不到40%的企业未使用任何审计软件。

4. 内部审计职能组织由分散化管理向集中化管理转变

内部审计职能的集中化管理有助于企业执行较为简单的标准化审计流

程，同时确保企业更加有效地部署内部资源。资料显示内部审计职能基本集中或完全集中管理的企业占了调查对象的75%，仅有四分之一的企业采用了分散式或较为分散的内部审计职能体系。由此可见，大部分的国际大型企业都选择了对其内部审计职能进行集中化的管理。这种方式不仅有利于内部审计资源的调动，也增加了内部审计在企业内的独立性以及公司董事会对内部审计的管控。大型国有企业应努力与国际先进实践靠拢，集中化管理内部审计职能，促进企业内部审计的转型。

5. 企业倾向由内部审计机制培养自己的管理人才

企业完成了对内部审计人员要求上的重大转变，内部审计成为准经理培养的一个重要步骤，审计师成为企业各业务职能部门准经理的候选人。调查显示，大部分（80%以上）的企业采用了招聘合乎岗位需求的审计师，并通过行之有效的职业生涯培养方法，最终使审计师晋升成为企业管理人才的内部审计人力资源战略。国际大型企业的这项举措增加了内部审计职位的吸引力，为企业招揽了大量高素质的人才从事内部审计工作。大型国有企业应参考它们的做法，调整内部审计人员职业发展方向，以吸引更多高素质的人才加入到企业内部审计的队伍中来。

第三章　企业用水审计概述

从法律上讲，企业是依法成立，具有一定的组织形式，独立从事商品生产经营、服务活动的经济组织。

企业一般是指以营利为目的，运用各种生产要素（土地、劳动力、资本和技术等），向市场提供商品或服务，实行自主经营、自负盈亏、独立核算的具有法人资格的社会经济组织。

现代经济学理论认为，企业本质上是“一种资源配置的机制”，其能够实现整个社会经济资源的优化配置，降低整个社会的“交易成本”。

审计是对资料作出证据搜集及分析，以评估企业财务状况，然后就资料及一般公认准则之间的相关程度作出结论及报告。进行审计的人员必须有独立性及相关专业知识。

企业用水审计指审计机构根据国家、地方有关取水、用水、节水和水污染防治的法律、法规、标准、规章和技术方法，对工业企业取水、用水、耗水、节水和排水的物理过程和财务过程进行检验、核查、分析评价，并提出节水方案的活动。

检验，即检查并验证。

核查，指用一套搜集证据、核对事实的方法来判断是否符合相关规范的过程，也指对一项工作的完成现状与预期或计划进行比较确认。

分析，是将事物、现象、概念分门别类，离析出本质及其内在联系；是将研究对象的整体分为各个部分、方面、因素和层次，并分别地加以考察的认识活动；把一件事情、一种现象、一个概念分成较简单的组成部分，找出这些部分的本质属性和彼此之间的关系。

分析是一种科学的思维活动，是在感性认识所获得的大量经验材料的基础上进行的，但思维的分析活动并不是指感觉的分析活动。人的各种感觉器官都是一种分析器，每一种感觉器官都只能接受某一种特定的信号。自然界的各种事物的特性如颜色、气味、声响等都是密切联系在一起而呈现在人们面前的。人的感官将它们分析之后形成不同的感觉。科学思维的分析活动与感官分析器这种感性的分析活动是不同的，其是一种理性的认识活动。

分析是一种相对独立的逻辑方法，不能把分析的作用看作是附属于综合；分析既为新的综合做准备，又有其独特的作用和价值。分析的意义在于细致地寻找能够解决问题的主线，并以此解决问题。

评价是通过计算、观察和咨询等方法对某个对象进行一系列的复合分析研究和评估，从而确定对象的意义、价值或者状态。评价是一个运用标准对事物的准确性、实效性、经济性以及满意度等方面进行评估的过程。

评价的过程是一个对评价对象的判断过程，是一个综合计算、观察和咨询等方法的复合分析过程。

由此可见，企业用水审计是一项复杂的专业性审计。企业用水审计工作，既要遵循审计工作的一般规律，也要遵循企业用水的规律，体现专项审计的特点。

第一节　企业用水审计原则

第三方机构进行用水审计时，应遵循针对性原则、客观性原则、法制性原则、重点性原则、准确性原则、独立性原则、协作性原则、保密性原则。

一、原则的含义

原则，辞典对“原则”的解释是“说话或行事所依据的法则或标准。”其另一个含义是指总的方面。使用原则概念的有科学、哲学、宗教、法律等。

法则，指规律，或法规。

标准，一指衡量事务的准则；二指本身合于标准，可供同类事物比较核对的事物。

通俗地说，原则是说话、行事所依据的准则，或者说，原则是观察事物、解决问题的准则。对事物的看法，对问题的处理和解决，往往会受到立场、观点、方法的影响。原则是从自然界和人类历史中抽象出来的，只有正确反映事物的客观规律的原则才是正确的。

“原则”并非深奥玄妙的宗教哲理，亦不属于任何特定的宗教或信仰，“原则”其实是人类社会颠扑不破、历久而弥新的真理，不言自明。“原则”是人类行为的准则，也是不容置疑的基本道理，历经考验而永存于世。

二、针对性原则

针对性指对确定的对象采取具体措施。

用水审计的针对性原则是指对用水审计目标进行审查，亦即对企业用水效率或者其某个方面进行检验、核查、分析评价。每次用水审计都有其所要达到的目，审计人员要针对审计目标来确定审计内容和范围，并根据审计内容和范围采取相应的审计方法。企业用水审计如果没有针对性，那就是盲目审计，无法达到用水审计的预期目标，也难以发现和查证企业取水、用水、耗水、排水过程存在的问题，也就不可能提出有针对性的节水方案。

三、客观性原则

客观指事物的本来存在状态，也就是事物本身的属性，不以人的意志而转移。客观是事物的一种自然属性和社会属性，与主观相对。

主观是人的一种意识、精神，与“客观”相对。所谓“主观”，就是以观察者为“主”，参与到被观察事物当中，导致被观察事物的性质和规律随观察者的不同而不同。

客观性又称真实性，是指企业用水应当以实际状况为依据进行确认、计量和报告，如实地反映符合确认和计量要求的各项台账、数据、指标，保证信息真实可靠、内容完整，部分数据可以进行现场核查和实测。

客观性还包括可靠性。可靠性是指对于企业用水过程的记录和报告，要真实可靠，以客观事实为依据，不受管理人员、统计人员、会计人员主观意志的左右，避免错误并减少偏差。企业提供的用水信息必须做到内容真实、数字准确和资料可靠。

客观性原则即实事求是原则，指企业用水审计工作必须以企业用水实际过程及其财务过程为依据，否则将会导致企业用水审计结论的失真和处理问题的错误。

四、法制性原则

法制，一指法律和制度的总称，二指“依法办事”的原则。另外，也指动态意义上的法制，即指立法、执法、守法和对法律实施的监督，也包括法律宣传教育在内。

法制是审计的准绳和规范。企业用水审计是企业用水的监督，必须遵循法律、政策相关规定，维护法律、政策的严肃性，促进法律、政策的贯彻实施。因此，企业用水审计工作必须以法律、政策及相关规章制度、技术标准作为判断企业用水活动是否合法、合理的标准。在用水审计工作中，由于各种原因，情况错综复杂，法律、政策及相关规章制度、技术标准又不可能对各种情况、各种问题都有明确规定，审计人员必须以法规政策为依据，做到具体问题具体分析，态度严谨、恰如其分地处理问题。

五、重点性原则

重点，指重要的或主要的，也指主要的或重要的一个或几个部分。

重点性原则是指用水审计人员在执行审计任务时，应该选择重要的企业取水、用水、耗水、排水过程进行审计监督。如企业用水规划、用水工艺、节水技术改造项目、用水技术经济指标、用水的异常情况等，对重点过程必须认真进行详细检验、核查、分析评价，使企业用水审计抓住重点，取得好的效果。

六、准确性原则

准确，其含义是严格符合事实、标准或真实情况，与实际或预测完全符合。准确性在统计学上也叫准确度，指在试验或调查中某一试验指标或性状的观测值与其真值的接近程度。

准确性原则指企业用水审计工作所用的数据以及计算分析要准确，企业取水量、用水量、耗水量、排水量要准确，每个用水单元的各种水量要准确，用水技术经济指标的计算口径、原则和方法必须一致，水资源税（费）、取水成本、输水成本、水处理成本等要准确无误。否则，就无法准确评价企业用水过程，不能准确计算用水成本，甚至导致错误的用水审计结论。

七、独立性原则

独立指单独的站立或者指关系上不依附、不隶属，依靠自己的力量去做某事。

独立性指遇事有主见、有成就动机、不依赖他人就能独立处理事情、积极主动地完成各项实际工作的心理品质，伴随勇敢、自信、认真、专注、责任感和不怕困难的精神。

意志的独立性指人的意志不易受他人的影响，有较强的独立提出和实施行为目的的能力，反映了意志的行为价值的内在稳定性。意志的行为价值的内在稳定性来自于价值观的独立性，具有这种意志品质的人善于按照自己的主见提出行为目的，并找出达到目的手段，而不容易受别人观点的影响。

用水审计的独立性包括实质上的独立和形式上的独立。实质上的独立，是指进行用水审计时其专业判断不受影响，保持客观和专业怀疑；形式上的独立，是指用水审计机构避免出现损害独立性的情形，使得拥有充分相关信息的理性第三方推断其公正性、客观性或专业怀疑受到损害。

独立性原则即用水审计机构及其对某一具体企业的用水审计组织不受干涉、独立进行用水审计活动，其检验、核查、分析、评价不受其他机构和人员的影响。

八、协作性原则

协作指在目标实施过程中，部门与部门之间、个人与个人之间的协调与配合。协作应该是多方面的、广泛的，只要是一个部门或一个岗位实现承担的目标所必须得到的外界支援和配合，都应该成为协作的内容。一般包括资源、技术、配合、信息方面的协作。

协作性，指用水审计机构或组织离不开企业的配合。

协作性原则指在企业用水审计工作中需要取得企业的配合和帮助，使企业主动提供相关的数据、资料，配合现场察看和测试工作。

独立和协作从其本身的含义来分析是一对矛盾的两个事物，独立要不依赖外力，不受外界束缚，协作则需要两个以上的人或单位互相配合工作。强调独立，必然会忽视协作，反之亦然。从辨证唯物主义的角度来分析独立性和协作性，独立性是企业用水审计的基础，协作性是完成企业用水审计的保障。缺少了独立性，用水审计可能有失公正，可能由于主观情绪不能发现或不愿公开企业用水审计中的问题；缺少了协作性，企业用水审计失去了必要的支持和配合，就不能顺利进行，也会影响企业用水审计结果。

独立性和协作性的交汇点是确保企业用水审计工作的正常进行。这一交汇点是加强独立性原则、发挥协作性原则的基本动力和源泉。抓住这个交汇点，才能很好地解决企业用水审计过程中独立和协作的矛盾，将独立性和协作性有机结合起来。

九、保密性原则

保密指不让秘密泄露、保守事物的秘密的行为。

保密性原则指为获得用水审计活动有效进行所需的信息，用水审计机构应提供确保保密性信息不被泄露的信任。企业及其配合人员对其提供的任何专有信息有权要求受到保护。

在企业用水审计活动中，对符合要求的有关信息的保密和公开之间的均衡性进行管理，能提升相关方的信任和对企业用水审计活动价值的认同。

在企业用水审计工作中，用水审计机构应做出具有法律效力的承诺，对在用水审计中获得或产生的所有信息承担管理责任。用水审计机构应对将要在公开场合发布的信息事先通知企业。除非是企业公开的信息或机构和企业达成了一致的信息，其他所有信息都被认为是专有信息，应予以保密。

当用水审计机构依据法律要求或合约安排授权发布保密信息时，除非法律禁止，应将所公开的信息通知相关的企业。

用水审计机构从企业以外的渠道获得的有关企业的信息应作为保密信息管理。

用水审计人员应对用水审计实施活动中获得或产生的所有信息保密，除非法律另有要求。用水审计机构应能获得和使用相应设施，以便对保密信息（如文件、记录）和用水审计对象进行安全的处置（如对信件、电子邮件、销毁记录的安全处置）。

第二节　企业用水审计依据

依据，有动词和名次两个词性。作为动词，依据是指把某种事物作为依托或根据；作为名词，依据是指作为根据或依托的事物。企业用水审计依据，指其名词涵义。在审计工作中，也经常使用“标准”一词来表示依据。

企业用水审计依据主要有法律、政策、标准规范及企业用水管理、运行和财务资料等。

一、法律

法律有广义、狭义两种理解。广义上讲，法律泛指一切规范性文件。狭义上讲，我国法律仅指全国人大及其常委会制定的规范性文件。在与法规等一起谈时，法律是指狭义上的法律。法规则主要指行政法规、地方性法规、民族自治法规及经济特区法规等。

工业建设项目用水合理性分析的法律依据，广义上有法律、法规、规章。

我国的法律体系中基本包括以下几种：法律，法律解释，行政法规，地方性法规，自治条例、单行条例、规章等。

（一）法律

法律是由享有立法权的立法机关，依照法定程序制定、修改并颁布，并由国家强制力保证实施的规范总称。法律包括基本法律和普通法律。宪法高于其他法律，是国家根本大法，规定国家制度和社会制度最基本的原则，公民基本权利和义务、国家机构的组织及其活动的原则等。法律是从属于宪法的强制性规范，是宪法的具体化。

我国最高权力机关全国人民代表大会和全国人民代表大会常务委员会行使国家立法权，立法通过后，由国家主席签署主席令予以公布。因而，法律的级别是最高的。

法律一般都称为某某法，如水法、水污染防治法、清洁生产促进法等，有的名称为决定或决议，亦具有法律效力。

（二）法律解释

法律解释是对法律中某些条文或文字的解释或限定。这些解释将涉及法律的适用问题。法律解释权属于全国人民代表大会常务委员会，其做出的法律解释同法律具有同等效力。这种法律解释属于立法解释。

另外，还有一种司法解释，即由最高人民法院或最高人民检察院做出的解释，用于指导各级法院、检察院的司法工作。

（三）行政法规

法规是由权力机关通过的有约束力的法律性文件。

行政法规是指国务院为领导和管理国家各项行政工作，根据宪法和法律，按照行政法规规定的程序制定的政治、经济、教育、科技、文化、外事等各类法规的总称。由于法律关于行政权力的规定常常比较原则、抽象，因而还需要由行政机关进一步具体化。行政法规就是对法律内容具体化的一种主要形式。

行政法规可以作出规定的事项，一是为执行法律的规定需要制定行政法规的事项，二是宪法第八十九条规定的国务院行政管理职权的事项。

应当由全国人民代表大会及其常务委员会制定法律的事项，国务院根据全国人民代表大会及其常务委员会的授权决定先制定的行政法规，经过实践检验，制定法律的条件成熟时，国务院应当及时提请全国人民代表大会及其常务委员会制定法律。

行政法规由国务院总理签署国务院令公布，具有全国通用性，是对法律的补充，在成熟的情况下会被补充进法律，其地位仅次于法律。

行政法规的具体名称有条例、规定和办法。对某一方面的行政工作做比较全面、系统的规定，称“条例”；对某一方面的行政工作做部分的规定，称“规定”；对某一项行政工作做比较具体的规定，称“办法”。

条例、规定和办法的区别是：在范围上，条例、规定适用于某一方面的行政工作，办法仅用于某一项行政工作；在内容上，条例比较全面、系统，规定则集中于某个部分，办法比条例、规定要具体得多；在名称使用上，条例仅用于法规，规定和办法在规章中也常用到。

另外，行政法规也可以是全国性法律的实施细则。

（四）地方性法规、自治条例和单行条例

地方性法规是省、自治区、直辖市以及省级人民政府所在地的市和国务院批准的较大的市的人民代表大会及其常务委员会，根据宪法、法律和行政法规，结合本地区的实际情况制定的，并不得与宪法、法律行政法规相抵触的规范性文件，并报全国人大常委会备案。

民族自治地方的人民代表大会有权依照当地民族的政治、经济和文化的特点，制定自治条例和单行条例。自治区的自治条例和单行条例，报全国人民代表大会常务委员会批准后生效。自治州、自治县的自治条例和单行条例，报省或者自治区的人民代表大会常务委员会批准后生效，并报全国人民代表大会常务委员会备案。

地方性法规一般称作条例，有的为法律在地方的实施细则、实施办法，部分为具有法规属性的文件，如决议、决定等。地方法规的开头一般贯有地方名字，如河北省节约能源条例、河北省石家庄市市区供水节约用水管理条例、河北省实施《中华人民共和国水法》办法、河北省人民代表大会常务委员会关于修改《河北省实施〈中华人民共和国水法〉办法》等10部法规的决定。

地方性法规是除宪法、法律、国务院行政法规外在地方具有最高法律属性和国家约束力的行为规范。

地方性法规可以做出规定的事项，一是为执行法律、行政法规的规定，需要根据本行政区域的实际情况作具体规定的事项；二是属于地方性事务需要制定地方性法规的事项。

其他事项国家尚未制定法律或者行政法规的，省、自治区、直辖市和较

大的市根据本地方的具体情况和实际需要，可以先制定地方性法规。在国家制定的法律或者行政法规生效后，地方性法规同法律或者行政法规相抵触的规定无效，制定机关应当及时予以修改或者废止。

（五）行政规章

规章是各级领导机关及其职能部门、社会团体、企事业单位，为实施管理，规范工作、活动和有关人员行为，在其职权范围内制定并发布实施的、具有行政约束力和道德行为准则的规范性文书的总称。按其性质、内容，可分为行政规章、组织规章、业务规章和一般规章。

行政规章一般简称规章，分为部门规章和地方规章。部门规章是指国务院各组成部门以及具有行政管理职能的直属机构根据法律和国务院的行政法规、决定、命令，在本部门权限内按照规定程序制定的规范性文件的总称。地方规章是指省、自治区、直辖市以及较大的市的人民政府根据法律、行政法规、地方性法规所制定的普遍适用于本地区行政管理工作的规范性文件的总称。

行政规章是行政管理活动的重要根据，具有数量多、适用范围广、使用频率高的特点。

行政规章一般以部门令或地方人民政府令发布。

根据《规章制定程序条例》的规定，制定规章应当符合以下基本要求：

（1）应当遵循立法确定的立法原则，符合宪法、法律、行政法规和其他上位法的规定。

（2）应当切实保障公民、法人和其他组织的合法权益，在规定其应当履行的义务的同时，应当规定其相应的权利和保障权利实现的途径。应当体现行政机关的职权与责任相统一的原则，在赋予有关行政机关必要的职权的同时，应当规定其行使职权的条件、程序和应承担的责任。

（3）应当体现改革精神，科学规范行政行为，促进政府职能向经济调节、社会管理和公共服务转变。应当符合精简、统一、效能的原则，相同或相近的职能应当规定由一个行政机关承担，简化行政管理手续。

（4）规章的名称一般称“规定”“办法”，但不得称“条例”。

（5）规章用语应当准确、简洁，条文内容应当明确、具体，具有可操作性。法律、法规已经明确规定的内容，规章原则上不作重复规定。除内容复杂的外，规章一般不分章、节。

（6）涉及国务院两个以上部门职权范围的事项，制定行政法规条件尚不成熟，需要制定规章的，国务院有关部门应当联合制定规章。有这种情形的，国务院有关部门单独制定的规章无效。

（六）法律效力

宪法具有最高的法律效力，一切法律、行政法规、地方性法规、自治条例和单行条例、规章都不得同宪法相抵触。法律的效力高于行政法规、地方性法规、规章。行政法规的效力高于地方性法规、规章。地方性法规的效力高于本级和下级地方政府规章。省、自治区的人民政府制定的规章的效力高于本行政区域内的较大的市的人民政府制定的规章。

二、政策

政策是国家政权机关、政党组织和其他社会政治集团为了实现自己所代表的阶级、阶层的利益与意志，以权威形式标准化地规定在一定的历史时期内，应该达到的奋斗目标、遵循的行动原则、完成的明确任务、实行的工作方式、采取的一般步骤和具体措施。

政策是国家或者政党为了实现一定历史时期的路线和任务而制定的国家机关或者政党组织的行动准则。具有以下特点：

（1）阶级性。阶级性是政策的最根本特点。在阶级社会中，政策只代表特定阶级的利益，从来不代表全体社会成员的利益，不反映所有人的意志。

（2）正误性。任何阶级及其主体的政策都有正确与错误之分。

（3）时效性。政策是在一定时间内的历史条件和国情条件下，推行的现实政策。

（4）表述性。就表现形态而言，政策不是物质实体，而是外化为符号表达的观念和信息。它由有权机关用语言和文字等表达手段进行表述。

我国的政策主要为“规划”“行动计划”“目录”“纲要”“决定”“意见”“通知”“复函”之类，以文件形式出现，基本属于行政规范性文件。

国家的政策一般分为对内与对外两大部分。对内政策包括财政经济政策、文化教育政策、军事政策、劳动政策、宗教政策、民族政策等，对外政策即外交政策。

工业建设项目用水合理性审计依据的政策属于财政经济政策范畴，一般包括产业政策、技术政策、区域规划、水资源规划、水环境规划、节水方面的推荐目录和淘汰目录、意见、方案、通知等。

政策一般以公告或行政规范性文件发布。

（一）产业政策

产业政策是政府为了实现一定的经济和社会目标而对产业的形成和发展进行干预的各种政策的总和。干预包括规划、引导、促进、调整、保护、扶持、限制等方面的含义。

产业政策的功能主要是弥补市场缺陷，有效配置资源；保护弱小和新兴民族产业的成长；缓和经济震荡；发挥后发优势，增强适应能力。

产业政策包括产业组织政策、产业结构政策、产业技术政策和产业布局政策，以及其他对产业发展有重大影响的政策和法规。各类产业政策之间相互联系、相互交叉，形成完整的产业政策体系。

产业组织政策指通过选择高效益的、能使资源有效使用、合理配置的产业组织形式，保证供给的有效增加，使供求总量的矛盾得以协调的政策。其实施可以实现产业组织合理化，为形成有效的公平的市场竞争创造条件。产业组织政策是产业结构政策必不可少的配套政策。

产业结构政策指根据经济发展的内在联系，揭示一定时期内产业结构的变化趋势及其过程，并按照产业结构的发展规律保证产业结构顺利发展，推动国民经济发展的政策。通过对产业结构的调整而调整供给结构，从而协调需求结构与供给结构的矛盾。调整产业结构主要是根据资源、资金、技术力量等情况和经济发展的要求，选择和确定一定时期的主导产业部门，以此带动国民经济各产业部门的发展；根据市场需求的发展趋势来协调产业结构，使产业结构政策在市场机制充分作用的基础上发挥作用。

产业布局政策指产业空间配置格局的政策。其主要解决如何利用生产的相对集中所引起的“积聚效应”，尽可能缩小由于各区域间经济活动的密度和产业结构不同所引起的各区域间经济发展水平的差距。

产业结构政策、产业组织政策、产业区域布局政策表现为“集合”政策。各种具体政策都以市场机制的调节为依据，对市场起着直接调控、对企业起着间接调控的宏观作用。

在市场经济运行中，产业政策具有导向作用。一是可以调整商品供求结构，有助于实现市场上商品供求的平衡；二是可以通过差别利率等信贷倾斜政策对资金市场进行调节，有助于资金合理流动和优化配置；三是可以打破地区封锁和市场分割，促进区域市场和国内统一市场的发育和形成。

产业政策包括产业结构调整目录、准入条件、规划等。

（二）技术政策

技术政策是对技术发展提出的准则，目的是通过技术进步推动社会进步和经济发展。技术政策综合考虑技术、经济、社会等各个方面，是技术工作和经济建设应共同遵循的发展政策。

技术政策是编制科技发展规划、经济和社会发展规划，指导技术改造、技术引进、重点建设以及产业结构调整和发展的重要依据。

技术政策的主要内容有以下四个方面：

（1）发展目标。要适应经济发展目标的需要，分析技术发展趋势，从技术能力、经济和社会条件的实际出发。

（2）行业结构。包括行业的技术结构、生产结构和产品结构。在分析行业生产力现状、技术水平、发展能力和产品需求的基础上，确定行业内部各种生产力和生产方式的关系、合理比例、规模、布局、发展速度和时序、技术构成，以及主要产品的发展方向与消费分配原则。

（3）技术选择。根据综合经济效益和社会效益，从技术能力、自然条件、经济条件和社会条件出发，在促进国家技术进步的前提下，对技术先进性与经济、社会方面的合理程度作出评价。

（4）促进技术进步的途径、路线和措施。如推动技术成果工业化、实用化、商品化；引进、消化、吸收适用的先进技术；采用新技术加速传统产业改造；实行统筹规划、综合开发、配套建设的合理程序和优化方案；完善质量保证制度和体系；推行标准化、系列化和通用化；应用先进的手段和方法，实现管理现代化；实行专业化、社会化的生产和协作；完善和加强支持技术和生产发展的基础结构；提高装备的质量和水平；合理地有效地利用资源和能源；保护生态环境；正确选择重要的工艺路线和流程等。

技术政策与产业政策和经济政策既有联系，又有区别。产业政策主要解决经济布局、产业结构和各行业的比例关系等问题，经济政策则涉及价格、财政、金融和贸易等方面。随着科技、经济和社会的快速发展，为实现某一目标，决策时所要考虑的因素越来越广泛。为了使技术和经济发展符合客观规律，研究、制定和实施一批重要领域的技术政策是十分必要的。

工业建设项目用水合理性分析技术政策依据主要有节水技术政策、污染防治技术政策等。

（三）区域规划

区域规划是根据国家经济社会发展总的战略方向和目标，对一定地区范围内的社会经济发展和建设进行总体部署。

区域规划有广义和狭义两种。广义的区域规划包括区际规划和区内规划，狭义的区域规划则对一定区域内的社会经济发展和建设布局进行全面规划。区域规划的主要任务是因地制宜地发展区域经济，有效地利用资源，合理配置生产力和城镇居民点，使各项建设在地域分布上综合协调，提高社会经济效益，保持良好的生态环境，顺利地进行地区开发和建设，促进区域经济社会可持续发展。

区域规划要对整个规划地区国民经济与社会发展中的建设布局问题做出战略决策，把同区域开发与整治有关的各项重大建设落实到具体地域，进行各部门综合协调的总体布局，为编制中长期部门规划和城市规划提供重要依据。

区域规划是以跨行政区的经济区为对象编制的规划，是国家总体规划或省级总体规划在特定经济区的细化和落实。区域规划是战略性、空间性和有约束力的规划，不是纯粹的指导性和预测性规划。规划通常具有两个层面的含义：第一层含义是描绘未来，根据现在的认识对未来目标和发展状态的构想；第二层含义是行为决策，即实现未来目标或达到未来发展状态的行动程序的决策。区域规划要在多种方案的比较和选择中确定适合规划区域未来的发展目标和经济建设的总体蓝图。其作用是划定主要功能区的“红线”，主要内容是把经济中心、城镇体系、产业聚集区、基础设施以及限制开发地区等落实到具体的地域空间。编制区域规划，要打破地区行政分割，发挥各自优势，统筹重大基础设施、生产力布局和生态环境建设，发挥区域的整体优势，提高区域的整体竞争能力，达到人和自然的和谐共生，促使区域社会经济快速、稳定、协调和可持续发展。

区域规划具有战略性、地域性、综合性、前瞻性、目的性等5个特点。《全国主体功能区规划》是各地编制区域主体功能区规划的基础，目前省级行政区基本发布了各自的主体功能区规划。

（四）水资源规划

水资源规划是在掌握水资源的时空分布特征、地区条件、国民经济对水资源需求的基础上，协调各种矛盾，对水资源进行统筹安排，制定出最佳开发利用方案及相应的工程措施的规划，是水资源管理的一个重要部分。

水资源规划是在统一的方针、任务和目标的约束下，对有关水资源的评价、分配和供需平衡分析及对策，以及方案实施后可能对经济、社会和环境的影响方面而制定的总体安排。

水资源规划是以水资源利用、调配为对象，在一定区域内为开发水资源、防治水患、保护生态系统、提高水资源综合利用效益而制定的总体措施计划与安排。

水资源规划遵循的基本原则是因地制宜、综合利用、人工调节与经济合理等。

水资源规划对区域发展的作用是合理评价、分配和调度水资源，支持经济社会发展，改善环境质量，以做到有计划地开发利用水资源，并达到水资源开发、经济社会发展及自然生态系统保护相互协调。

（五）水环境规划

水环境规划是指在把水视为人类赖以生存和发展的环境资源条件的前提下，在水环境系统分析的基础上，查清水质和供需情况，合理确定水体功能，进而对水的开采、供给、使用、处理、排放等各个环境做出统筹的安排和决策。

水环境规划是水资源危机纷呈的背景下产生和发展起来的。由于人口大量增加、经济迅猛发展，对水的需求越来越多，但却面临着水资源日益枯竭、水污染日趋严重的局面，水环境问题的矛盾越来越突出。水环境规划可以有效解决这一问题，在实践中得到了广泛的应用。

水环境规划包括两个不可分割的组成部分，一是水质控制规划，二是水资源利用规划。这两个部分相辅相成，缺一不可，水质控制规划以实现水体功能要求为目标，是水环境规划的基础；水资源利用规划强调水资源的合理利用和水环境保护，以满足国民经济增长和社会发展的需要为宗旨，是水环境规划的目的。

（六）推荐和淘汰目录

目录有两个含义，一是书刊上列出的篇章名目，多放在正文前；二是按一定次序开列出来以供查考的事物名目。

推荐和淘汰目录，是有关部门发布的推荐或淘汰某种事物的名目，包括工艺、技术、设备、产品等。

如工业和信息化部 2015 年 11 月 11 日发布了《节能机电设备（产品）推荐目录（第六批）》，共涉及 11 大类 434 个型号产品，其中工业锅炉 13 个型号产品，变压器 98 个型号产品，电动机 79 个型号产品，电焊机 43 个型号产品，压缩机 73 个型号产品，制冷设备 63 个型号产品，塑料机械 21 个型号产品，风机 5 个型号产品，热处理 3 个型号产品，泵 34 个型号产品，干燥设备 2 个型号产品。

推荐目录一般标明有效期，或按年度进行更新，也有的推荐目录会在以后发布的目录中宣布废止。《节能机电设备（产品）推荐目录（第六批）》的有效期为自发布之日起 3 年。而国家发展和改革委员会发布的《国家重点节能低碳技术推广目录》（节能部分）则每年进行更新。

截止到 2018 年 8 月，工业和信息化部、水利部、全国节约用水办公室共发布了两批《国家鼓励的工业节水工艺、技术和装备目录》，其中第一批于 2014 年 2 月 21 日发布，第二批于 2016 年 4 月 27 日发布。

工业和信息化部、水利部、全国节约用水办公室 2015 年 5 月 4 日发布了《高耗水工艺、技术和装备淘汰目录》。发布公告中明确提出，水行政主管部门要严格水资源管理，对采用《高耗水工艺、技术和装备淘汰目录》中高耗水工艺、技术和装备的新、改、扩建项目不予批准水资源论证和取水许可申请；对未按期淘汰的高耗水工艺、技术和装备的企业单位，不予批准取水许可延续和变更申请。

除国家相关部门发布推荐或淘汰目录外，各地区也可发布推荐或淘汰目录。如河北省人民政府办公厅 2015 年 3 月 6 日印发了《河北省新增限制和淘汰类产业目录（2015 年版）》，河北省工业和信息化厅编制了《河北省工业节能环保技术和产品推荐目录（2016 年）》。

（七）方案

方案一词，来自于“方”和“案”。“案”，书案，读书、写字都是案。案的等级比桌高，反映到词汇中就是案件、文案，都是和案有关；审案，就是在案子面前审理这件事，过去判官都是翘头案，正式、庄严。引申为考虑问题，正式的商议，都和“案”有关。“方”即方式、方法。“方案”，即在案前得出的方法，将方法呈于案前，即为“方案”。

在文件体系中，方案是进行工作的具体计划或对某一问题制定的规划。如水利部、国家发展和改革委员会制定了《“十三五”水资源消耗总量和强度双控行动方案》。

（八）意见

意见，词义上有三种解释：一是见解、主张；二是对人对事不满意的想法；三是识见，即看法或想法。

从字面上理解，意见一般代表个人主观意念上对客观事件或人物的见解，带有较为强烈的主观意愿和色彩，但意见并不代表建议，通常只是表达观点，要落到实处，还需要从实际情况出发进一步规划和整理。

在政策范畴中，意见是一种公文文体，属于机关公文。1996 年 5 月 3 日印发的《中国共产党机关公文处理条例》，首次将“意见”列入了中国共产党机关公文文种；2001 年 1 月 1 日起施行的《国家行政机关公文处理办法》，将“意见”正式列入了国家行政机关的公文文种，“意见”从而成为行政机关使用频率较高的法定公文。

在市场经济条件下，新事物层出不穷。各机关在工作中经常会遇到一些新的情况和问题，如果原有政策规定不够明确，或不相适应，就需要上级机关进行正确、及时的指导，以提出见解、措施，规范各种行为，为下一步完善和制定有关法律法规做好必要的准备。而指导工作又不能使用刚性很强的“决定”等公文文种，那么，“意见”作为法定公文文种，既成为下级向上级或向平级机关提出解决有关重要问题的见解和处理办法等方面建议的渠道，又成为上级在发现下级遇到有关重要问题时，提出见解和办法措施，对下级予以指导的途径。在多年的实践中，“意见”较好地解决了呈转性公文中长期存在的难题和上级在指导工作中的弹性问题。

意见的实质是提出切合实际的可行性建议，发挥参谋和指导作用。其见解中的态度是诚恳的，下行文中的“意见”，没有决定或者通知等文种的强制性那样强烈。

意见的基本特征是其内容的多样性、行文方向的多向性、内容的针对性和作用的多重性。

意见的原则性较强，通常不是具体的工作安排，总是从宏观上提出见解和意见，要求受文单位结合具体情况，参照文件中提出的精神来办理。下级机关在落实意见精神时，比起执行指示有更大的灵活处理的余地。

意见有着较强的针对性，总是根据现实的需要，针对某一重要的问题提出见解或处理意见，对于解决当前存在的问题，都有积极的作用。

意见虽然在文种的字面含义上没有指示、批复那样明显的指导色彩，似乎只是对某一工作提出些意见供参考，但实际上也是指导性很强的一种文体。不采用指示等指导色彩强的文种行文的原因：一是体现党政分开的原则，机关在涉及政务时不宜采用指示等文种；二是有关部门虽然对下级同类部门有业务指导权，但并没有行政领导权，采用指示显然没有采用意见更合适；三是意见的内容业务性强、规划性强、组织性强，而这些内容采用较生硬的文种不如采用意见这样较委婉的文种更合适。尽管如此，意见对受文机关来说，仍然有较强的约束性，下级机关要遵照执行。

按照性质和用途，意见可分为指导性意见、建设性意见、规定性意见、评估性意见、规划性意见、实施性意见和具体工作意见。

（1）指导性意见。指导性意见用于上级机关对下级机关进行工作指导，其内容是针对工作中的某些薄弱环节或出现的问题，上级机关用“意见”向下行文，阐明指导思想、工作原则，提出工作思路和措施、办法，给下级机关以及时的指导，从而促进工作的健康发展。意见在内容上注重原则性和灵活性结合、规定性与变通性结合，为下级办文留有更多的创造性余地。

（2）建设性意见。建设性意见用于下级机关向上级机关提出工作建议、设想的上行文。提出建议型意见的机关大多是主管部门，就其所主管的业务提出工作意见，可分为呈报类意见和呈转类意见。呈报类意见是向上级机关提出某方面工作的建议、意见，向上级献计献策，以供上级决策参考。呈转类意见是职能部门就开展或推动某方面工作提出初步设想和打算，呈送领导机关后，由领导机关批转更大范围的有关方面执行。

（3）规定性意见。规定性意见用于对所属机关、组织和人员提出规范性的要求和措施。这种意见常用于党的领导机关或组织、纪律部门为所制定的党组织及党员行为准则提出具体的执行方法和标准，也有党政联合发文关于行政方面的一些规定意见。

（4）评估性意见。评估性意见用于业务职能部门或专业机构就某项专门工作、业务工作经过调查、研究或者鉴定、评审后，把商定的鉴定、评估结果写成意见送交有关方面，虽可上行、下行，但主要是不相隶属组织间的平行文。其又可以分为鉴定性意见和批评性意见。

（5）规划性意见。规划性意见作为对某一时期的某一方面的工作提出的大体构想，其特点是适用时期长，内容宏观化、整体化，类似于规划、纲要等计划性文体。规划性意见提出了一个时期内某项工作的要点、原则和努力方向，但一般没有具体的方法和措施。

（6）实施性意见。实施性意见一般是为贯彻落实某一重要决定或中心工作所制定的实施方案，重在阐发上级的有关精神，使下级单位对上级的文件精神有更深入的理解，同时提出较为具体的行动方案和工作安排。

(7) 具体工作意见。对如何做好某项工作提出意见，所涉及的内容比较具体，有时还会有一些可操作性的办法、措施等。行政机关的一些意见可以更具体地指向某项工作。

作为工业企业用水合理性分析政策依据的“意见”，一般指国家机关下行文的“意见”。如工业和信息化部《关于进一步加强工业节水工作的意见》等。

(九) 通知

通知，是向特定受文对象告知或转达有关事项或文件，让对象知道或执行的公文。通知适用于批转下级机关的公文，转发上级机关和不相隶属机关的公文；发布规章；传达要求下级机关办理和有关单位需要周知或共同执行的事项等。

三、标准规范

(一) 标准

标准，是“标”和“准”的组合。“标”是投射器，“准”是靶心。标准原意为目的，也就是标靶。后来，源于标靶本身的特性，标准衍生出“如何与其他事物区别的规则”之意。把“用来判定技术或成果好坏的根据”广泛化，就得到了“用来判定是不是某一事物的根据”。技术意义上的标准就是一种以文件形式发布的统一协定，其中包含可以用来为某一范围内的活动及其结果制定规则、导则或特性定义的技术规范或者其他精确准则，其目的是确保材料、产品、过程和服务能够符合需要。

标准作为术语，在国家标准中的定义最早见于 GB 3935. 1—1983《标准化基本术语 第一部分》，其定义为：“标准是对重复性事物和概念所做的统一规定，它以科学、技术和实践经验的综合为基础，经过有关方面协商一致，由主管机构批准，以特定的形式发布，作为共同遵守的准则和依据”。

国家标准 GB/T 3935. 1—1996《标准化和有关领域的通用术语 第一部分：基本术语》中对标准重新进行了定义：“为在一定范围内获得最佳秩序，对活动或其结果规定共同的和重复使用的规则、导则或特性的文件。该文件经协商一致制定并经一个公认机构的批准。它以科学、技术和实践经验的综合成果为基础，以促进最佳社会效益为目的。”

GB/T 20000. 1—2002《标准化工作指南 第1部分：标准化和相关活动的通用词汇》中标准的新定义为："为了在一定范围内获得最佳秩序，经协商一致制定并由公认机构批准，共同使用的和重复使用的一种规范性文件。"

国家标准 GB/T 20000. 1—2014《标准化工作指南 第1部分：标准化和相关活动的通用术语》对标准的定义又有了新的发展："通过标准化活动，按照规定的程序经协商一致制定，为各种活动或其结果提供规则、指南或特性，供共同使用和重复使用的文件。"标准宜以科学、技术和经验的综合成果为基础；规定的程序指制定标准的机构颁布的标准制定程序；诸如国际标准、区域标准、国家标准等，由于其可以公开获得以及必要时通过修正或修订保持与最新技术水平同步，因此被视为构成了公认的技术规则。其他层次上通过的标准，诸如专业协（学）会标准、企业标准等，在地域上可影响几个国家。

标准是标准化活动形成的标准化文件。标准化文件是通过标准化活动制定的文件，是诸如标准、技术规范、可公开获得规范、技术报告等文件的通称。标准化是为了在既定范围内获得最佳秩序，促进共同效益，对现实问题或潜在问题确立共同使用和重复使用的条款以及编制、发布和应用文件的活动。标准化活动确立的条款，可形成标准化文件，包括标准和其他标准化文件；标准化的主要效益在于为了产品、过程或服务的预期目的改进其适用性，促进贸易、交流以及技术合作。

标准按照不同的发布机构，可分为国际标准、区域标准、国家标准、行业标准、地方标准、团体标准和企业标准。

（1）国际标准。国际标准指由国际标准化组织或国际标准组织通过并公开发布的标准。

（2）区域标准。区域标准指由区域标准化组织或区域标准组织通过并公开发布的标准。

（3）国家标准。国家标准指由国家标准机构通过并公开发布的标准。

（4）行业标准。行业标准指由行业机构通过并公开发布的标准。

（5）地方标准。地方标准指在国家的某个地区通过并公开发布的标准。

（6）团体标准。团体标准指由某个社会团体（如协会、学会等）制定并发布的标准。

（7）企业标准。企业标准指由企业通过供该企业使用的标准。

除正式标准外，还有试行标准。试行标准指标准化机构通过并公开发布的暂行文件，目的是从其应用中取得必要的经验，再据以建立正式的标准。

（二）规范

规范是指明文规定或约定俗成的标准，具有明晰性和合理性。

国家标准 GB/T 20000. 1—2014《标准化工作指南　第1部分：标准化和相关活动的通用术语》对规范的定义是："规定产品、过程或服务应满足的技术要求的文件。"并注释如下：适宜时，规范宜指明可以判定其要求是否得到满足的程序；规范可以是标准、标准的一个部分或标准以外的其他标准化文件。这一定义明确了规范的技术性，或者说是"技术规范"的定义。

国家标准 GB/T 19000—2008《质量管理体系　基础和术语》对规范的定义是"阐明要求的文件。"而要求是"明示的、通常隐含的或必须履行的需求或期望。"

与规范相近的术语是规程，指为产品、过程或服务全生命周期的有关阶段推荐良好惯例或程序的文件。规程与规范一样，可以是标准、标准的一个部分或标准以外的其他标准化文件。

四、企业用水资料

企业用水资料包括企业用水管理资料、企业用水（运行）统计资料和企业财务资料。

（一）企业用水管理资料

管理是在特定的环境下，对组织所拥有的资源进行有效的计划、组织、领导和控制，以便达成既定的组织目标的过程。

用水管理是工业企业通过采取制度、标准、经济、技术以及综合措施，对其用水环节进行控制和改进的过程。

企业用水管理制度、标准、用水定额、采用的节水技术和节水措施等，都是企业用水审计的依据。

（二）企业用水运行资料

运行，周而复始地运转。企业用水运行资料，即企业用水运行的记录及其统计分析。

（三）企业财务资料

企业财务资料指与企业取水、用水、水处理、排水有关的财务资料。

第三节 用水审计的基本要求

国家标准 GB/ 33231—2016《企业用水审计技术通则》对企业用水审计机构、企业用水审计人员、企业用水审计目标和范围、企业用水审计资料等提出了基本要求。

一、对企业用水审计活动的要求

用水审计作为一项专项审计活动，受到相关因素的制约。

企业用水审计活动，应遵守法律法规的规定。企业用水审计，作为一项专项审计，首先要遵循《审计法》的规定，其行为要符合审计人员的相关要求。

作为专项审计，企业用水审计的依据就是国家水资源利用、节约的法律法规，以及行业、地方有关水资源利用、节约的法规、规章。另外，还有相应的政策、标准等。

企业用水审计活动，要遵循《中华人民共和国水法》，还要遵循《中华人民共和国水污染防治法》，既要遵守水资源的法律，也要遵守防治水污染的法律。

对于已经实行水资源税的地区，还要遵循《中华人民共和国税法》的相关规定。

取水许可法律制度，是国家的重要水资源管理制度，国务院行政法规《取水许可和水资源费征收管理条例》，水利部规章《取水许可管理办法》，及各地有关取水许可的规章、规范性文件，也是企业用水审计应当遵循和维护的制度。

取水、用水标准，是企业取水、用水必须遵守的技术规范，是企业用水审计所必须遵循的，也用于判断企业用水是否符合要求。

二、对企业用水审计机构的要求

企业用水审计机构，根据不同的情况，可以是不同的组织。政府审计机关可以对企业进行专项用水审计，政府职能部门也可以委托第三方对企业用水进行审计。企业也可以委托相应机构对其用水情况进行审计，企业还可以自行对用水情况进行内部审计。

无论是何种机构开展企业用水审计工作，都要遵守其基本要求。

（一）用水审计机构的独立性

独立，指单独的站立或者指关系上不依附、不隶属，依靠自己的力量去做某事。用水审计机构的独立性，指其与被审计企业没有依赖关系（内部审计指相对独立），在意识上不受用水企业的影响，也不受政府水资源管理部门的影响，而是按照自然规律和国家、行业、地方的相关依据，独立自主地开展用水审计工作。

企业用水审计是一种独立的活动，而独立性是客观公正性的前提。只有独立开展企业用水审计工作，才能避免各种干扰因素，才能做到客观公正。

（二）用水审计机构的客观公正性

客观指的是人们看事物的一种态度，不以特定人的角度去看待事物，也就是事物本身的属性，不以人的意志而转移。另外，客观也指事物的本来存在状态，指事物的一种自然属性和社会属性存在。客观与主观正好相对，主观是人的一种意识、精神，与“客观”相对，所谓主观，就是观察者为主，参与到被观察事物当中。此时，被观察事物的性质和规律随观察者的意愿不同而不同。

客观性又称真实性，是指企业应当以实际性的交易或事项为依据进行确认、计量和报告，如实地反映符合确认和计量要求的各项会计要素，保证会计信息真实可靠，内容完整。

客观性是群体建构的产物，即一个特定的群体所组成的社会组织里所存在的共有认识。客观性是一种跨越个人范畴的概念。是个体与个体在社会层面上经过时间所达成的共识。“客观”所包含的内容其实被主观地塑造着。不过可以视为在许多“主观”作用下的综合效果。

客观还是一种探讨现实世界本质的观点，认为真实存在于个体经验之外，存在于个体的感官、理解、想象之外。认为尽管世界对于个体只能“主观地”呈现但个体的存在无法影响世界的塑造。

公正即社会公平和正义，以人的解放、人的自由平等权利的获得为前提，是国家、社会应有的根本价值理念。

公正是伦理学的基本范畴，意为公平正直，没有偏私。没有偏私是指依据一定的标准而言没有偏私，因而，公正是一种价值判断，内含有一定的价值标准，在常规情况下，这一标准便是当时的法律，任何一个社会都有自己的公正标准。因此，公正并不必然意味着“同样的”和“平等的”。

客观是“中立”的同义词。与公正连用组成短语“客观公正”时则指一种努力减少“个人成分”参与的叙述或者论证方式。

（三）与审计企业的关系

企业用水机构要保持独立性和客观公正性，就要排除影响独立性和客观公正性的因素。用水审计机构与被审计企业存在财务关系和其他利益关系的，应在进行企业用水审计时主动退出，不参与企业用水审计活动。当然，这里的财务关系指与用水审计活动无关的财务关系，企业用水审计作为有偿服务，有一定的财务关系是现实的，是不可避免的，是企业用水审计活动的一个正常组成部分。

用水审计机构应避免与被审计企业发生个人关系。企业用水审计组成人员中与企业存在个人关系的，应主动回避。

企业用水审计机构也不应与被审计企业存在各种利益纠纷，若存在，应主动退出该企业的用水审计活动。

（四）保密义务

企业用水审计活动中，不可避免地接触企业的生产经营和生产工艺、用水工艺，而这些很多是企业对外保密的，是企业竞争力的关键所在。

开展企业用水审计活动，要有严格的职业道德，要有保密意识。为了从制度上堵截泄密事件的发生，把用水审计机构的保密义务固定下来，用水审计机构应与被审计企业签订保密协议，明确保密内容、保密期限，明确涉密内容在用水审计报告中的处理方式。

根据双方协商，也可在企业用水审计服务协议（合同）中增加保密条款，使保密义务成为服务协议的一个组成部分。

三、对用水审计人员的要求

企业用水审计，是一项专业性的审计工作，审计人员必须具备相关的专业知识、能力和经验。

（一）审计专业知识

作为审计工作，企业用水审计人员必须掌握审计原则、审计方法等审计专业知识，掌握审计技巧，具备编制审计工作方案、企业用水审计报告的能力。

（二）企业用水知识

作为专项审计，企业用水审计具有很强的专业性。企业用水审计人员应掌握企业取水、用水、排水、废水处理、给水处理等专业知识，掌握用水种类、用水工艺、水的重复利用、水系统集成优化等给排水专业知识，以发现企业用水系统存在的问题，提出解决方案。

（三）企业生产知识

企业用水审计人员应了解企业生产的主要工艺流程。企业生产用水工艺、用水过程，与企业生产工艺、生产过程、生产设备设施息息相关，企业用水工艺过程往往对应着相应的生产工艺过程。要分析企业的用水工艺是否合理，就要与企业生产工艺过程进行对照分析；要分析企业用水参数是否合理，也要明确企业生产工艺的要求。

（四）分析问题和解决问题的能力

企业用水审计过程，是发现企业用水存在问题并进行解决的过程。发现问题、分析问题、解决问题，是企业用水审计的关键所在。这就要求，企业用水审计人员具有相应的能力。

问题是现实与标准之间的差距，在企业用水审计中如何掌握标准，如何确定现实与标准之间的差距所在、确定差距的大小，分析形成这种差距的原因，找到消除这种原因的方法，是企业用水审计人员应具备的基本能力。

（五）经验

经验是从已发生的事件中获取的知识，在哲学上指人们在同客观事物直接接触的过程中通过感觉器官获得的关于客观事物的现象和外部联系的认识。辩证唯物主义认为，经验是在社会实践中产生的，是客观事物在人们头脑中的反映，是认识的开端。但经验有待于深化，有待上升到理论。在日常生活中，亦指对感性经验所进行的概括总结，或指直接接触客观事物的过程。

企业用水审计，虽然是一项新的专业审计工作，但并不妨碍人们获得审计、生产、用水、发现问题分析问题解决问题的经验。在实践中往往有这样的情况，没有经历过某一项事物、某一个过程的人，即使感觉到问题的存在，却发现不了问题所在；而有经验的人，往往一眼就发现了问题，而且是根本性问题。因此，经验是一个企业用水审计人员不可缺少的。

经验不是真理，也是不能一味套用的。企业用水审计工作不能完全依靠经验，但也不能因此而否定经验的作用。

四、对用水审计目标和范围的要求

企业用水审计的目标和范围必须清晰、明确。

（一）用水审计目标

目标，本意指的是射击、攻击或寻求的对象，引申含义指想要达到的境地或标准。目标是对活动预期结果的主观设想，是在头脑中形成的一种主观意识形态，也是活动的预期目的，为活动指明方向。具有维系组织各个方面关系构成系统组织方向核心的作用。

目标是需要通过努力、有步骤地去实现的。

目标的特征具有主观性、方向性、现实性、社会性和实践性。目标的主观性表现在目标是对活动预期结果的主观设想，是在头脑中形成的一种主观意识形态。以主观意识反映客观现实的程度，可分为必然目标、或然目标和不可能目标。目标的方向性表现在目标是活动的预期目的，为活动指明方向，具有维系组织各个方面关系构成系统组织方向核心的作用。目标的价值性和可操作性构成了目标的现实性，从现实目标满足期望程度看，有理想目标、满意目标、勉强目标和不得已目标。目标因受社会政治、经济制度、文化传统、意识形态制约，而具有社会性。目标的实践性则是目标具有为实践活动指明方向的作用，只有通过实践活动才能实现目标。

在各种管理体系中，目标是要实现的结果。目标可以是战略的、战术的或操作层面的，可以涉及不同领域、不同层次，组织、活动、过程都可以有目标。目标是预期实现的结果。

企业用水审计目标同样具有以上特征，必须是明确的。根据委托方的不同，企业用水审计的目的不完全一致，因而企业用水审计的目标也有所不同。如政府水资源管理职能部门委托的审计，其目的可能主要是企业用水量的准确性和企业用水技术经济指标的法律符合性，而企业委托的用水审计，其目的是寻找节水方案。由于目的不同，导致活动目标的不同。企业用水审计活动，必须具有明确的目标。

目标在时间跨度上，通常可以分为三类：短期目标、中期目标和长期目标。短期目标是指期望在1年内达到的目标，短期目标通常全面又具体；中期目标是指期望在2~5年内达到的一些目标；长期目标是指期望在5~10年或更长的时间内达到的一些目标。

目标期的长短是相对而言的，不能一概而论，不同的行业、不同的组织有所不同。

在企业用水审计中，审计目标随着审计种类的不同而有所不同。国家审计可能更注重其真实性，包括取水量的真实性和用水单耗等技术经济指标的真实性、企业用水的合规性，企业内部审计目标可能更重视企业用水的效益性或合理性，民间审计则主要看委托方的要求。

（二）用水审计范围

企业用水审计应涵盖企业取水、用水、排水等全过程。

企业用水过程，包括取水、用水、排水过程，给水处理和废水处理回用都是企业用水过程的组成部分。

企业无论是使用地下水、地表水，还是使用城市污水处理厂再生水、海水等非常规水资源，都有一个从水源取水的过程。而取水是否符合相关法律法规、政策和标准，是否有取水许可手续，是企业用水审计需要查明的事实之一。

企业排水水质是否符合要求，水质是否达到排放标准，污水排放去向等都是企业用水审计的重要内容。

企业生产用水环节是企业用水的主要环节，用水工艺、用水种类是影响企业用水技术经济指标的主要因素，也是企业节水的潜力所在。企业用水过程，包括给水处理、废水处理及其回用过程必须包括在用水审计范围之中。

企业用水审计范围必须是明确的。如供水工程管网供水的，要在供水计量表之后；向企业外排水的，要根据排放去向确定，排往城市污水处理厂与排向自然水环境的，要根据具体情况确定。

对于委托审计，范围也必须明确，但必须包括完整的用水系统或用水单元。

五、用水审计的要求

（一）文件数据资料的真实性

企业用水审计采用的资料、文件和数据应真实有效。

真实就是与事实相符，确切清楚。“真实性”一词源于希腊语，意思是

“自己做的”“最初的”，真实性概念最初用于描述博物馆的艺术展品，之后被借用真实性到哲学领域的人类存在主义的研究中。

有效指有效力，有效性则指完成策划的活动和达到策划结果的程度。

用水审计是基于事实的工作，其所采用的资料、文件和数据必须是真实的、有效的。如果使用虚假的、失效的文件、资料和数据，得出的审计结论必然会发生偏差，得不到真实有效的结论。也就是说，依据的原始资料、原始文件、原始数据不准确，就得不到准确的结论。

国家标准 GB/T 19000—2016（等同采用国际标准 ISO 9000：2015）《质量管理体系　基础和术语》中对数据的定义是关于客体的事实，而客体是可感知或可想象到的任何事物，客体可以是实物，也可以是非物质的，如工作计划、用水计划等。

信息是有意义的数据，而文件是信息及其载体。

资料的含义比较广泛，用水审计中用作依据的材料都可以称为资料。

由此可见，数据主要是对被审计企业而言的，文件也主要由被审计企业提供。这些数据、文件的真实有效与企业有很大关系。

资料包括企业信息文件，也包括用水审计机构所采用的各种依据材料，这些都要求真实、有效，包括时间的有效，也就是说，资料必须在有效期内。

（二）过程的可追溯、可验证

企业用水审计过程，要进行数据处理和分析，也就是要有数据处理过程和分析过程，这些过程要可追溯、可验证。

可追溯性是追溯可感知或可想象到的任何事物的历史、应用情况或所处位置的能力，当考虑产品或服务时，可追溯性可能涉及原材料和部件的来源、加工的历史、产品或服务交付后的分布和所处的位置。而数据处理和分析的可追溯性，可涉及数据的来源、数据的处理方法和处理精度、数据分析的方法等。

验证是通过提供客观证据对规定要求已得到满足的确定。客观证据是支持实物存在或其真实性的数据，可通过观察、测量、试验或其他方法得到。可验证是数据处理过程和分析过程及其结果可通过观察、测量、试验或其他方法得到证实。

（三）相关数据的代表性

代表性指从一批物料中取样时，对于被测变量，样品能代表该批物料的程度。数据的代表性指所用相关数据代表测量量的真实程度，即是否处于正常工况下的数据。正常工况下所采集的数据具有代表性，而非正常工况下所采集的数据显然没有代表性，不能反映正常工况下的情况，也不能反映正常生产的情况。

相关数据的代表性，是企业用水审计中的一个主要问题。在用水审计采集数据时，要明确当时的工况，将设备运行周期、运行时间等准确无误地记录下来。

（四）真实性承诺

审计人员应当依照法律法规规定，取得被审计单位负责人对本单位提供资料真实性和完整性的书面承诺。

六、提供可行的节水方案

企业用水审计的一个重要目的是发现用水工艺、用水过程存在的问题，并解决这些问题，进而提出切实可行的节水方案。

节水方案切实可行，即节水方案在技术上、经济上、环境上都具有可行性，要进行技术、经济、环境方面的可行性分析。

第四节　用水审计与其他工作的关系

用水审计既是一种用水管理工作，又是一种用水技术工作，从其内容看，其管理性大于技术性。

用水审计与用水管理工作、建设项目水资源论证工作、企业水平衡测试工作等也存在着不同的关系。

一、与用水管理工作的关系

用水审计是用水管理工作的一个组成部分。

对于政府水资源管理部门，通过用水审计，可以了解企业用水及其用水的基本情况，包括企业地理位置（所在河流流域）、能源消耗、工艺流程、用水环节、主要用水设备（用水系统）、生产规模、产品结构、历年产量产值、原材料消耗、组织结构和员工人数等企业生产基本信息，了解企业用水管理基本信息包括管理机构设置及其职责、管理制度文件、管理活动记录档案等用水管理基本信息，确定取用水和管理的总体情况及各项节水管理制度的落实情况，掌握企业取水水源、取水量、用水量、排水量及各种水质情况，掌握企业用水计量器具的配备情况，确认水报表数据的真实性，确定企业用水的合规性，掌握企业国家明令淘汰的生产工艺的淘汰情况和采用国家鼓励的节水工艺情况，了解企业已采取的节水技术和措施。

对于企业水管理部门，通过用水审计，可以确认企业用水的合规性和用水数据的真实性，掌握企业用水技术经济指标，了解企业用水管网分布状况及其合理性，掌握企业用水工艺、用水设备、水质符合性、企业用水技术经济指标和用水效率，找到切实可行的节水方案并实施。

企业用水审计，是对企业用水管理指导方针贯彻情况的验证，是对企业用水管理制度落实情况的检验，是对企业用水管理绩效的一次测量，是对企业用水计量和统计的确认，是对企业用水规划和设计落实情况的检查，是对企业供水管网和用水设备维护情况的证明。

企业用水审计，无论对政府部门水资源管理工作，还是对企业用水管理工作，都是一种促进、一种检验。

二、与建设项目水资源论证的关系

对于直接从江河、湖泊或地下取水并需申请取水许可证的新建、改建、扩建的建设项目，建设项目业主单位应当进行建设项目水资源论证，编制建设项目水资源论证报告书。

建设项目水资源论证，是对建设项目建成后运行需水量的核定，论证建设项目取水水源合理性，确定建设项目所在地水资源能否满足建设项目所需，建设项目取水和退水对水资源和水环境影响程度大小的过程。建设项目水资源论证是一种预测性论证，属于建设项目的事前管理。

审计从时间上说，分为事前审计、事中审计和事后审计。现在用水审计的概念属于事中审计和事后审计的范畴。也就是对企业建成并投产运行后企业取水、用水、退水及用水工艺、设备、参数指标等用水状况的检测、核查、分析和评价。

建设项目水资源论证，特别是工业建设项目水资源论证，是对项目建设之前的预测性分析论证，在本质上属于事前用水审计的范畴，属于有专门名称的事前专项审计。

三、与企业水平衡测试的关系

企业水平衡是以企业为考察对象的水量平衡，即该企业各用水单元或系统的输入水量之和应等于输出水量之和。水平衡测试是对用水单元和用水系统的水量进行系统的测试、统计、分析得出水量平衡关系的过程。

企业水平衡是一项用水管理的技术性工作。通过企业水平衡测试，可以逐步解决企业在用水管理、用水定额、用水设备运行等方面存在的问题，建立健全三级计量用水网络，提高企业水的重复利用率。通过企业水平衡测试，找出企业用水结构不清、跑、冒、滴、漏等用水隐患，提高节水意识，采取技术和管理手段，切实加以整改。在查清企业用水现状的基础上，进行合理化用水分析，挖掘节水潜力，制定切实可行的合理用水、节约用水的规划，建立科学的用水考核制度。

企业用水审计中，也要进行企业水平衡分析。对企业进行水量平衡分析，填写水平衡表，绘制企业水量平衡图，并据此计算用水技术经济指标；对于比较复杂的用水系统、用水单元和用水环节，还可根据企业的实际情况进行进一步细分，绘制水量平衡分表、分图，作为补充和说明，对其进行分析。

企业水平衡是企业用水审计测试、分析内容的一部分，企业用水审计是企业水平衡测试的深化和发展。企业用水审计和企业水平衡测试的关系，就像企业能源审计和企业能量平衡测试的关系一样，前者都是后者的发展，后者都是前者的组成部分。

第四章 企业用水审计的前期准备

前期，是企业用水审计工作的前一阶段；准备，指预先安排或筹划。前期准备就是用水审计正式开展之前的准备工作。

任何一项工作都有前期准备阶段，企业用水审计也不例外。企业用水审计前期准备工作，主要是和企业进行沟通，获得企业基础资料，编制企业用水审计方案，并在征求企业意见的基础上进一步修改完善，作为企业用水审计工作开展的依据。对于政府部门委托的企业用水审计，还要和委托部门做好沟通。

第一节 和企业沟通

沟通是人与人之间、人与群体之间思想与感情的传递和反馈的过程，以求思想达成一致和感情的通畅。沟通是不同的行为主体，通过各种载体实现信息的双向流动，形成行为主体的感知，以达到特定目标的行为过程。沟通不是简单地用逻辑分析来说服对方，而是要用沟通对象自己所提供的事实，以及对方不能否认的事实，与对方建立起直接的联系。

一、企业用水审计需要与企业沟通的内容

企业委托用水审计机构进行企业用水审计后，用水审计机构应该与企业就用水审计的目标，用水审计的范围，用水审计的内容，用水审计的工作时间，企业应提供的数据、资料、文件及必要的工作条件和其他需沟通和协商一致的事宜进行充分沟通，并达成一致。

（一）用水审计的目标

企业委托用水审计机构进行企业用水审计，自然有其审计目标。从审计目标来看，不外乎真实性、合规性、效益性或称效果性这三点，这三点都可以细化成具体的用水审计目标。企业用水状况不同，其用水审计的目标也可能不同。如企业处于地下水超采区、限采区，可能企业需要寻找新的替代水

源；企业对所缴纳的水资源费或水资源税有异常感觉，可能需要确认企业的取水量；企业与同行业对标，单位产品取水量过高，可能需要审查用水工艺和用水过程；企业用水技术经济指标不合理，可能需要寻找原因。

企业用水审计目标可以很具体，如循环水系统浓缩倍数的合理性；也可能比较宏观，如寻找节水、提高企业用水效率的途径。这些都需要和企业认真沟通，必要时需要提前了解企业的用水状况。

对于政府部门委托的企业用水审计，其审计目标一般是比较明确的。如果委托书给出的审计目标比较笼统，应该和委托单位进一步确认，也可以和企业沟通，用具体的审计目标来体现笼统的审计目标。

（二）用水审计的范围

企业用水审计的范围与企业用水审计目标有关。企业用水审计的范围不一定是整个企业，但至少应包括一个完整的用水系统或用水单元。对于大型企业集团，由于其生产企业地域分布的分散性，一般很难进行整体审计，其范围以地理坐落在一起为宜。

如果审计目标是用水报表的真实性，范围适当大一些，包括不同地域的生产厂区也是可以的。如果审计用水工艺，最好将不同的地理区域、不同的生产、不同的用水工艺分开。如果作为集团公司用水审计，可以分为几个用水审计项目，但每个项目的范围和边界必须是清楚的。

（三）用水审计的内容

依据有关的法律法规和标准，在既定的范围内，为查清企业用水现状、提出节水方案，对企业的用水状况进行检测、核查、分析和评价。查清企业用水现状，提出节水方案是企业用水审计的重要内容，但这是建立在对企业的用水状况进行检测、核查、分析和评价的基础上的。检测企业的用水状况、核查企业的用水状况、分析企业的用水状况、评价企业的用水状况，都是笼统的说法，对于企业用水审计，则必须明确具体的内容。

企业用水审计的具体内容与企业用水审计的具体目标有关，也就是说，审计内容要和审计目标保持一致。如果审计内容与审计目标无关，那就是在做无用功。用水审计机构和企业进行沟通时，一定把用水审计内容、用水审计范围和用水目标结合起来，作为一个整体进行处理，切不可分割开来。

不同行业企业用水审计的内容可能不尽相同，用水审计机构应针对企业错综复杂的用水行为，采用定性与定量相结合的方法进行企业用水审计。

根据委托单位的不同，审计的重点内容不同，但总体上不外乎合规性、经济性、生态环境性三个角度。政府部门注重合规性和生态环境性，企业则更注重经济性。合规性审计主要用定性指标来评价，经济性审计和生态环境性审计主要用定量指标来评价。

合规性审计主要审计企业的取水、用水、退水（即向水体排水）以及节约用水的行为和措施是否符合法律、法规、规范性文件和标准规范的规定。

经济性审计主要审计企业当前用水管理的水平，评价其用水效率、用水效益和节水成效。一般重在分析企业的用水技术经济指标，主要包括单位产值新水量、单位工业增加值新水量、单位产品新水量、企业水的重复利用率、供水管网漏失率、蒸汽冷凝水回用率、冷却水重复利用率、工艺水回用率、循环水浓缩倍数、非常规水使用量、人均生活用水量、水计量器具配备率等，同时还应分析企业水管网布局合理性，对企业投资建设节水项目、污水处理与回用项目的综合效益进行分析评估，提出企业水系统集成优化的方案。

生态环境性审计主要审计企业水资源保护工作开展情况，重点检查企业废水排放及预处理情况、废水处理回用情况、排放标准和达标排放情况、入河排污口设置情况、地下水取用情况。

（四）用水审计的工作时间

企业用水审计工作，要在一定的时间内完成。企业有企业的考虑，用水审计机构有其自身的情况。双方应就企业用水审计开始的时间、结束的时间达成一致，确定企业用水审计工作的时限。政府部门委托审计时，这个时限还应在其委托的完成时间之前。

对于企业用水审计各个阶段的工作，最好也确定一个时间。编制企业用水审计方案的时间、收集企业相关资料的时间、现场勘察测试的时间、分析的时间、编制用水审计报告的时间、请政府部门或第三方进行评审的时间、报告修改完善的时间，都要有一个明确的界定，以确定工作进度。

审计工作时间和工作进度需征求被审计企业意见后确定。

（五）企业应提供的数据、资料、文件及必要的工作条件

企业用水审计，必须得到企业的支持配合。企业用水审计，也需要企业提供相应的数据、资料、文件，这些数据、资料、文件，多数是企业内部的，但也有少数是企业外部的；有些是纸质的，有些是电子的；有些是原

件，有些只能是复制件。

用水审计机构应该向企业提出用水审计所需数据、资料、文件的清单，和企业进行沟通，确认数据、资料、文件是否能够提供。

进行企业用水审计，需要一定的工作、生活条件，如现场条件、人员配合、交通条件、设备设施条件、食宿条件等。这些条件哪些需要企业提供、如何提供、达到什么标准，哪些需要企业协助解决，哪些用水审计机构自行解决，都要明确，以免在工作中造成扯皮，影响企业用水审计工作的开展。

（六）其他需沟通和协商一致的事宜

除上述事项外，还有一些涉及企业用水审计的事项需要沟通。如企业用水审计的审计期、基准期，用水审计的详细程度，用水审计报告的交付形式，现场测试条件，企业水质测试能力和资质，特殊设备设施、特殊测试要求等。

需要特殊说明的事项，也要在与企业沟通中明确提出，企业也应该有明确的答复。两者观点不一致时，应进一步沟通协调，达成一致意见。

（七）征求企业对用水审计实施方案的意见

编制完成企业用水审计方案后，应与企业进行沟通，请企业提出意见，确认与企业沟通事项的正确表述。

（八）审计费用

企业委托的企业用水审计费用由企业承担。双方应根据用水审计目标、用水审计范围、企业用水审计内容等确定企业用水审计的费用和支付方式。企业用水审计费用和支付方式应在用水审计协议或合同中明确。

对于政府职能部门委托的企业用水审计，审计目标、审计范围、审计内容、审计期、基准期等都是确定的。需要和企业沟通的，是企业用水审计的具体时间，需要企业提供的数据、资料、文件，现场测试的特殊要求等。

二、沟通时机

有关企业用水审计的沟通，应在企业委托用水审计机构进行用水审计后即刻进行。如在审计过程中出现问题，双方应随时进行沟通。如现场测试条件不能满足，双方应协调改变测试场所、改换测试仪器仪表等。

三、沟通技巧

用水审计人员在与企业进行沟通时，应掌握一定的沟通技巧，包括倾听技巧、气氛控制技巧和推动技巧。

（一）倾听技巧

倾听能鼓励企业人员说出企业状况与用水状况，协助用水审计人员了解企业及其用水情况，明确企业有哪些数据、资料、文件，了解企业用水管理情况、企业水计量情况，了解企业用水工艺和用水设备，企业采取的节水措施等。倾听技巧是有效影响力的关键，而它需要相当的耐心与全神贯注。

倾听技巧由 4 个个体技巧所组成，分别是鼓励、询问、反应和复述。

1. 鼓励

鼓励可以促进企业人员表达意愿。

2. 询问

询问可以以探索方式获得企业更多的信息资料。

3. 反应

反映就是告诉对方你在听，同时确定完全了解对方的意思。

4. 复述

复述用于讨论结束时，确定没有误解对方的意思。

（二）气氛控制技巧

由于未可知的原因，可能使用水审计人员和企业的沟通中出现不和谐气氛。安全而和谐的气氛，能使企业人员更愿意沟通。如果用水审计人员和企业人员沟通双方彼此猜忌、批评或恶意中伤，将使气氛紧张、冲突，加速彼此心理设防，使沟通中断或无效。

气氛控制技巧由联合、参与、依赖与觉察 4 个小技巧所组成。

1. 联合

以兴趣、价值、需求和目标等强调用水审计机构和企业共同的目标和其他事项，造成和谐的气氛而达到沟通的效果。

2. 参与

激发企业人员的激情，调动企业人员的情绪，创造一种热忱，使目标更快完成，并为随后进行的推动创造积极气氛。

3. 依赖

选择合适的场所，创造安全的情境和氛围，提高对方的安全感，而接纳对方的感受、态度与价值等。

4. 觉察

将潜在“爆炸性”或高度冲突状况予以化解，避免讨论演变为负面或破坏性。

（三）推动技巧

推动技巧是用来影响企业人员的行为，使其逐渐符合用水审计准备的议题。有效运用推动技巧的关键，在于以明白具体的积极态度，让企业人员在毫无怀疑的情况下接受用水审计的意见，并觉得受到激励，想完成工作。

推动技巧也有4个方面，分别是回馈、提议、推论与增强。

1. 回馈

让企业人员了解用水审计人员对其行为的感受，这些回馈对其改变行为或维持适当行为是相当重要的，尤其是提供回馈时，要以清晰具体而非侵犯的态度提出。

2. 提议

用水审计人员将自己的意见具体明确地表达出来，让企业人员能了解自己的行动方向与目的。

3. 推论

使讨论具有进展性，整理谈话内容，并以之为基础，为讨论目的延伸而锁定目标。

4. 增强

利用增强某个企业人员出现的正向行为（符合沟通意图的行为）来影响企业其他人，也就是利用增强来激励企业人员其他人做想要他们做的事。

第二节 企业用水审计方案

方案是工作或行动的计划。

工作方案是对未来要做的重要工作做出最佳安排，是粗线条的筹划，并具有较强的方向性。在现代领导科学中，为达到某一特定效果，要求决策助理人员高瞻远瞩，深思熟虑，进行周密思考，从不同角度设计出多种工作方案，供领导参考，或者作为工作开展的依据。

用水审计方案是对具体用水审计项目的审计程序及其时间等所做出的详细安排。用水审计方案应在审计实施前编制完成，并经审计机构负责人批准。拟定审计方案的目的在于抓住主要问题和环节，有层次、有步骤、有秩序、有计划地开展审计工作。

一、用水审计方案的内容

用水审计人员与企业沟通并就相关事项达成一致后，应编制用水审计方案。用水审计方案应明确用水审计的目标、范围、审计期、基准期，说明用水审计的详细程度、进度安排、完成时间、交付报告形式等，提出用水审计工作开展所需要的数据、资料、特殊设施和设备、特殊测量要求以及其他需要说明的事项。

（一）用水审计的目标

用水审计的目标是用水审计方案的首要内容。用水审计是否成功，就在于用水审计目标是否实现。

企业用水审计的目标必须是明确的。政府部门委托审计的，委托书中的审计目标应表述得清晰明确，用水审计方案中可以直接引用；对于表述较为笼统的，用水审计机构与委托部门和企业沟通后，可以提出具体明确的目标细化委托书中的目标，并写入用水审计方案。

对于企业委托的用水审计，用水审计机构在与企业沟通时会提出具体的审计目标，企业确认后应签字，并将其写入企业用水审计方案中。

写入用水审计方案的审计目标应明确具体，不产生歧义。也就是说，写入用水审计方案的每一个具体审计目标都应该具有明确性和含义唯一性。

（二）用水审计的范围

用水审计的范围应与用水审计的目标相适应，与企业的自然状况和运行状况相对应。

企业委托用水审计机构进行用水审计时，应提出用水审计的范围和边界，这个范围和边界应该是明确的，具有地理特征和物理特征。用水审计机构在和企业进行沟通时，应对审计范围和审计目标的对应性进行确认，并对用水审计范围和边界进行考察和明确、确认，并写入用水审计方案中。

对于一些范围和边界特殊的用水审计，在用水审计方案中要特别注明。

（三）审计期和基准期

审计期是审计所考察的时间区段，基准期是用来比较分析的时间区段。

审计期一般为上一年度，基准期按习惯或企业情况确定。审计期和基准期企业应该在委托书中明确。用水审计机构应尊重企业的选择。

对于一些特殊目标的用水审计，其审计期不限于一个年度，可以是一个季度、一个月或特别指明的时段，基准期也可以根据具体情况确定。

政府部门委托的审计，一般会指明审计期。

审计期和基准期都要写入审计方案中，并表述清楚。不要使用上年、去年、上季度、上月等表述，而应使用具体的表述，如 2017 年全年、2017 年三季度、2017 年 10 月等，有时为了更加明确地表示，要写出时间区间，如 2017 年 1 月 1 日~12 月 31 日、2017 年 7 月 1 日~9 月 30 日、2017 年 10 月 1 日~10 月 31 日、2017 年 5 月 1 日~6 月 30 日等。

需要指出的是，审计期适用于取水量、技术经济指标等。而现场测试数据，包括水质、水量、水温及其他运行参数，只能在用水审计进行期间获得，用水工艺等分析也只能根据现场运行情况进行。

（四）用水审计的详细程度

审计有详查法和抽查法，审计的详细程度也有所不同。用水审计方案应明确企业用水审计的详细程度，账目检查到什么程度，查哪些账目；现场测试哪些参数，测试的时间和频次，分析的深度到何种程度等。

（五）用水审计的进度安排和完成时间

用水审计要在一定期限内完成，其中的每一项程序、每一个步骤，应该用多长时间完成，应该在什么时间结束，什么时间收集完资料，什么时间完成现场勘察和现场测试，什么时间完成审计分析，什么时间编写审计报告，什么时间提交用水审计报告，什么时间完成全部审计工作。用水审计方案的进度安排可供用水审计过程中控制用水审计的进程，确保按时完成用水审计工作。

（六）用水审计报告的交付

用水审计报告可以有各种形式。用水审计报告可以是纸质版，也可以是电子版；可以是文字版，也可以是电子演示文稿；可以是 Word、WPS 格式，也可以是PDF、CAJ格式。用水审计方案要写清用水审计报告交付的形式、交付的对象，也要写清是否需要向企业相关人员介绍企业用水审计结果。如果交付纸质版，要写清交付的份数。

（七）需要的数据、资料、文件

用水审计方案应列出这些数据、资料、文件的清单，同时明确各种数据、资料、文件的交付形式和交付方式。要明确纸质版的交付方式和电子版的交付方式，明确复制件复制过程，可以提出复制件加盖企业公章和复制人签字的明确要求。对于涉及的一些生产数据、财务数据，企业有保密要求的，用水审计机构应按照涉密处理，并在用水审计方案中予以明确，并确定保密范围和保密期限。

（八）特殊设施和设备、特殊测量要求

对于一些特殊的生产和用水设备设施，其用水数据、资料的获得有特殊要求的，用水审计方案应该明确提出。对于水量、水质、水温等参数测量中的特殊要求，也要在用水审计方案中明确提出。对于一些特殊冷却方式，其用水量、耗水量可以实测，实测有困难时可参考说明书，对于一些没有测试条件的水泵等，可以采用水泵的特性曲线，通过其实际压力计算。

（九）用水审计的依据

用水审计要有依据，或者说审计标准。总体来说，这些依据的变动不大，多数对每个企业都适用。但一些部门规章，地方法规、规章，一些规范性文件，行业标准和地方标准，只适用于各行业和各地方。根据标准的优先权，一些全国性的标准要让位于地方标准，一些通用标准要让位于行业专用标准。

（十）用水审计方法和程序

用水审计作为专项审计，既要用到通用审计方法，也要用到专用审计方法，特别是现场勘察和现场测试方法及一些计算方法。对于每个企业，所适用的方法并不完全一致。因此，在用水审计方案中应明确所采用的方法，特别是特殊的审计方法。

从总体上说，企业用水审计的程序基本一致，但由于用水审计目标、范围、内容的不同而有所不同，审计重点的不同，各个程序阶段的繁简程

度和重要性也有所改变，甚至有些审计顺序也要适当调整，用水审计方案应明确本项目用水审计的具体程序。审计程序可以和审计进度安排结合起来。

（十一）审计人员构成及分工

用水审计机构要成立审计组，确定审计组成员的构成、每个成员的分工。

企业也要确定相应的配合人员及其配合事项。

对于各个阶段每个成员的工作，包括企业资料收集、现场勘察和现场测试、报告编制、报告印装，用水审计方案都要有明确的分工，包括企业配合人员的分工。

（十二）其他需要说明的事项

每个企业有每个企业的具体情况，一些情况不是每个企业都存在的。根据对企业及其用水状况的了解，需要特殊处理的事项及其处理方式、企业存在的特殊情况等，都要在用水审计方案中说明。

二、用水审计方案的作用

无论是国家审计、民间审计，还是企业内部审计，用水审计方案都是每次企业用水审计的依据，都要按照用水审计方案执行。

在用水审计工作中，用水审计方案发挥着不可替代的作用。

（一）指导作用

用水审计方案指导审计人员实地收集与审计目标相关的、充分的、可靠的、有效的审计证据，指导现场勘察和现场测试，保证用水审计步骤和方法都能够被实施和使用，减少遗忘重要审计用水步骤的风险，降低未能揭示实际存在重大问题的可能性。

（二）督促作用

用水审计方案督促审计人员认真讨论准备工作过程中所掌握的信息，按进度开展用水审计工作。通过审计方案，审计人员可以全面把握审计工作的整体部署，包括时间进度和人员安排。完成规定工作内容的审计人员也可凭借审计方案来衡量其工作进程和质量，了解、掌握已经完成的和尚需集中精力完成的有哪些工作内容，使其在整个现场审计过程中实现自我控制和自我指导。

用水审计方案也是用水审计机构对用水审计工作进行监督和检查的依据。通过将实际工作与用水审计方案对比，就可以发现哪些工作内容尚未完成或完成得不够理想，需要在剩余的时间里及时予以补救和改进，督促用水审计人员分工完成用水审计中相应的工作任务。

（三）规范作用

用水审计方案为组织和编制审计工作底稿、做好各种审计记录提供符合逻辑的结构。

（四）参考作用

用水审计方案为审计报告的撰写提供符合逻辑的结构和内容。一般而言，一份完整的审计报告应该包括审计目标、审计范围、调查结果、审计结论和建议等方面的内容。在这方面，审计方案能够提供一般性指导。

三、用水审计方案的编制

（一）编制人员

用水审计方案由用水审计人员编制，由审计组组长（负责人）审核，报用水审计机构主管领导审定。

（二）编制时间

在企业或政府部门委托之后，用水审计机构要成立项目审计组，并安排相应的人员，在与委托方充分沟通后，政府部门委托的还要与企业充分沟通，再编制用水审计方案。

（三）与委托方的交流

用水审计方案草案完成后，要向企业详细介绍，征求企业意见，进一步修改完善。

（四）审定用水审计方案

按照用水审计机构规定程序，对用水审计方案进行最终审核、审定，政府部门委托的，要向其备案，同时抄送企业；企业委托的，要发至企业和相关配合人员。

第三节 宣传教育培训

广泛开展宣传教育培训活动，争取企业内各部门和广大职工的支持，特别是用水管理人员、技术人员和现场操作工人的配合，是企业用水审计工作顺利进行的重要条件。

一、宣传方式和内容

企业用水审计工作，不是用水审计机构可以单独开展的工作，也不是企业内部用水审计部门可以单独开展的工作，无需其他人员的配合。这一工作要得到企业高层领导的支持，也要获得中层干部和操作工人的配合。只有这样，企业用水审计才能顺利开展，也才能为企业带来更大的资源效益、经济效益和环境效益，节约水资源，提高企业用水效率，推动企业技术进步，并更大程度地支持企业高层领导的管理工作。

开展用水审计宣传工作，首先要确定宣传的方式和内容。

（一）宣传方式

宣传可采用但不限于以下方式：

(1) 利用企业现有各种例会；

(2) 下达开展企业用水审计的正式文件；

(3) 内部广播；

(4) 电视、录像；

(5) 网络、企业网站；

(6) 黑板报；

(7) 报告会、研讨班、培训班；

(8) 开展各种咨询。

（二）宣传教育内容

宣传教育内容一般为：

(1) 行业节水技术发展；

(2) 企业用水审计概念；

（3）主要用水技术经济指标；

（4）用水审计目标与工作内容；

（5）企业的节水措施；

（6）国家、本地区水资源形势；

（7）三条红线的含义。

宣传教育的内容可以随着水审计工作阶段的变化而作相应调整。

二、开展培训

培训是有组织的知识传递、技能传递、标准传递、信息传递、信念传递或管理训诫行为。

要想顺利完成企业用水审计工作，不仅审计人员要精通相关业务知识，企业用水管理人员、技术人员和现场操作工人要了解相应的知识和配合方法。要在用水审计正式开始前对企业有关人员进行相应的培训。

用水审计培训是给企业水系统管理人员、技术人员和相关管理人员、操作人员传授用水审计知识和技能的过程，目的在于使其顺利地配合用水审计工作，对于企业内设审计机构人员，也可使其具备企业用水内部审计的知识和技能。

培训应包括但不限于以下内容：

（1）用水审计的概念、意义；

（2）用水审计的目标、范围和内容；

（3）审计的基础知识；

（4）用水审计需要收集的企业基本生产信息、用水信息和用水管理基本信息；

（5）现场验证和调查的内容；

（6）现场测试的内容和要求；

（7）工艺用水分析的内容；

（8）各种节水措施和节水方案；

（9）本次用水审计方案；

（10）用水审计报告的内容。

第五章　检验核查

检验核查是企业用水审计的基础工作，也是需要企业配合最多的地方。

检验核查阶段分为两部分，即信息收集和现场工作，现场工作又分为现场验证和调查、现场测试。

第一节　信息收集

信息收集是用水审计基础中的基础，数据、资料、文件等信息收集得是否完整，信息是否可靠，将直接影响对企业用水状况的分析。

用水审计需要收集的企业信息主要包括企业生产基本信息、企业用水管理基本信息和企业用水信息三部分。另外，企业建设项目水资源论证报告、企业水平衡测试报告、企业水源水质、企业排水水质等也要收集。

一、企业生产基本信息

企业生产基本信息包括企业地理位置（流域）、生产工艺流程、能源消耗、用水环节、主要用水设备、用水系统、生产规模和生产能力、产品结构、原材料消耗、历年产量和经济指标、组织结构和员工人数等。

（一）地理位置

地理位置是用来界定企业间的各种时间空间关系的地理专业术语，一般根据需要可以从不同方面进行地理位置描述。按照地理位置的相对性与绝对性进行定位，分为相对地理位置和绝对地理位置，也是企业地理位置的自然位置。

自然地理位置是指企业在地球表面本来就存在的时空关系，是原本的自然存在状态，与人们的各种内在需要没有内在性关联，是客观存在的不以人的意志为转移的地理位置。这种地理位置可以从定性和定量角度来进行刻画。

相对地理位置是相对自然地理位置的简称，一般是对企业的时空关系作定性描述，主要用于揭示其天然的比较优势特点。确定一个企业的水源位置优越状况，用其相对自然地理位置进行刻画就更直接，如坐落于长江北岸，位于太湖之滨等。

绝对地理位置是对绝对自然地理位置的简称，是对企业的特殊性或者唯一性进行定量刻画。这一相对精确性的地理位置刻画方法，以整个地球表面为坐标系，用经纬度为度量标准，来具体刻画一个企业的经纬度。其纬度刻画是以赤道为0°纬线，相当于横坐标轴，由此各向北向南方向计量到南北极点90°。这样全球每一个地方都能找到自身的纬度；经度是以通过英国伦敦格林尼治天文台旧址的经线作为0°经线，相当于坐标系中的纵坐标，又称本初子午线，以此线为准，各向东向西方向刻画到180°。这样，全球每一个企业都会有自身唯一的经度位置值。如此一来，由经线和纬线组成的经纬网，就能像确定坐标系当中的点一样，很容易确定一个企业的地理位置坐标。GPS 导航系统、北斗导航系统都是基于这种经纬坐标的具体应用。

收集企业地理位置时，不仅要描述其相对地理位置，也要描述其绝对地理位置。由于与水源的关系，特别要描述与主要江河、湖泊、水库等的相对位置，说明其属于哪条河流的流域，说明其所在地是否属于地下水超采区、限采区或禁采区，说明与最近的污水处理厂包括园区污水处理厂和城市污水厂的相对位置。

（二）生产工艺流程

生产工艺流程，是指企业生产过程中，利用生产工具将各种原材料、中间产品、半成品通过一定的设备、按照一定的顺序进行加工，最终使之成为成品的方法与过程，其原则是技术先进性和经济合理性。不同的企业的设备生产能力、精度以及工人熟练程度等因素不一定相同，对于同一种产品，不同的企业使用的工艺不一定相同，甚至同一个企业在不同的时期建设的生产线工艺也可能不同。就某一产品而言，生产工艺流程具有不确定性和不唯一性。

生产工艺流程是产品从原材料到成品的制作过程中要素的组合，包含输入资源、活动、活动的相互作用（即结构）、输出结果、顾客、价值六大方面。生产工艺流程设计由专业的工艺人员完成，设计过程中要考虑流程的合理性、经济性、可操作性、可控制等各个方面。

生产工艺流程设计时要考虑生产过程中物料和能量发生的变化及流向，应用了哪些生物反应或化工过程及设备，确定产品的各个生产过程及顺序。生产工艺流程的组织主要考虑的基本要求是满足产品的质量和数量指标、经济性、合理性、环保要求、过程操作性和过程控制性。

不同的生产工艺流程，对水的需求可能是不一样的。如辅助生产工艺中水除尘、湿法脱硫都需要一定量的水，而袋式除尘、静电除尘和干法脱硫则基本不需要水源；主要生产工艺中的导热油加热和蒸汽加热也是类似状况。

收集企业生产工艺流程，可分为生产工艺流程描述和生产工艺流程图两部分。生产工艺流程描述要清晰、准确，生产工艺流程图要求表明主要物料的来龙去脉，描述从原材料至成品所经过的加工环节和设备等，作为用水审计用工艺流程图，最好标明水的输入输出部位。

有些企业的生产工艺流程较长，如钢铁联合企业，这些企业要描述总的生产流程，绘制总生产工艺流程图，也要描述各工序生产工艺流程，绘制各工序包括主要生产工序和辅助生产工序的生产工艺流程图。

有些企业如化工企业有很多产品，每个产品都有不同的生产工艺和流程，其生产工艺流程要分产品或生产线描述，也要绘制不同的生产工艺流程图。生产工艺流程图可采用方框表示的示意图，注意过程（或设备）要与物料有明显区分。

工艺流程图中要标明水的输入和输出。

（三）能源消耗

能源是可产生各种能量（如热量、电能、光能和机械能等）或可作功的物质的统称。在《中华人民共和国节约能源法》中，能源是指煤炭、石油、天然气、生物质能和电力、热力以及其他直接或者通过加工、转换而取得有用能的各种资源。

能源可分为一次能源和二次能源、可再生能源和不可再生能源、常规能源和新能源等，每一种分类方法都有自己的依据。

能源是工业企业生产的驱动力量，任何工业企业生产任何工业产品，都离不开能源的消耗。能源的消耗往往伴随着水的消耗。

企业用水审计中，要收集企业能源消耗的种类和数量。最好分清能源消耗的工序或环节，要注意能源消耗数量既要消耗的实物数量，又要折合成标准煤的数量。

（四）用水环节

环节指相互关联的许多事物中的一个，如生产环节、用水环节等。

用水环节包括各种用水种类，既有工艺用水，也有间接冷却水。

如煤炭开采的用水环节有工作面滚筒采煤机防尘用水、顺槽防尘水幕用水、隔爆水袋用水、掘进面综掘机防尘用水、水力钻眼机用水、冲洗巷道用水、巷道喷浆用水、救生舱用水。一些矿井还有充填开采用水、水力割缝机用水、副井刷洗矿靴用水、注水弱化顶板用水和煤层注水防尘用水等。

炼铁生产工序中用水环节有高炉炉体冷却用水、热风阀冷却用水、冲渣水等。

用水环节不是生产工序，每个生产工序中可能有多个用水环节。用水审计中要认真观察，并对照生产工艺流程，确认主要用水环节。

（五）主要用水设备

主要用水设备一般是生产设备。设备用水种类一是工艺用水，包括原料用水、洗涤用水、抑尘用水、工作介质用水等；二是间接冷却水；三是锅炉用水，是单独划出来的一个种类。这些用水都与相应的设备对应。用水种类可以分得很细，详见国家标准 GB/T 21534—2008《工业用水节水 术语》。

需要注意的是，水池包括循环水池、冷却塔等，都不属于用水设备，而是属于用水系统中的设备，其作用是为了水的储存或重复利用。

用水审计中，一定要把企业主要用水环节查清，可以设计一个调查表，包括用水环节、水的来源、水的去向、水的用途、水的种类、进水水质、出水水质、进水水温、出水水温等。

（六）用水系统或用水单元

用水系统或用水单元指需要水或产生废水的具有相对独立性的生产工序、装置（设备）或生产车间、部门等。

用水系统或用水单元根据需要而划分，可以划分得很大，也可以划分得很细。如钢铁联合企业用水系统划分为烧结用水系统、球团用水系统、焦化用水系统、高炉炼铁用水系统、炼钢用水系统、轧钢生产用水系统、制氧用水系统、发电用水系统等，炼钢用水系统可以进一步分为氧枪用水系统、转炉炉体设备用水系统、烟道汽化冷却用水系统、烟气净化用水系统、连铸机结晶器用水系统、连铸机二冷水用水系统等。

用水审计中，可根据审计目标划分和确定用水系统或用水单元。

（七）生产规模和生产能力

生产规模一般指劳动力、劳动手段和劳动对象等生产要素与产品在一个经济实体中的集中程度，生产能力指一个企业装备生产最终产品和部分中间产品的能力。现在的生产规模有时用实际生产产量、原料处理量或生产能力来代替。

使用生产能力的概念是比较明确的，如一个钢铁联合企业生产生铁、粗钢、钢材的能力，一个氮肥企业生产合成氨的能力，一个石油化工企业处理原油的能力等。

对于一个已经建成生产的企业，其生产规模或生产能力是确定的。在一定生产工艺流程条件下，这一信息和取水的最大量有关。

（八）产品结构

产品结构指产品各个组成部分所占的比重和相互关系的总和，这一概念与其范围有关。对一个社会来说，可以宏观到产品结构分为工业产品与农副产品、重工业产品与轻工业产品、进出口产品与内销产品，高档产品、中档产品与低档产品，老产品与新产品等的比例关系，微观到产品结构分为军用品与民用品、机械产品与电器产品、优质产品与一般产品、原材料产品与最终产品、技术密集型产品与劳动密集型产品等之间的比例关系。

对于一个企业，属于微观产品结构，可以分析企业生产的产品中各类产品的比例关系。对于化工企业这样多产品的企业，可以按照产品种类分析其产品结构；对于钢铁联合企业，可以分析其烧结矿、球团矿、生铁、粗钢、钢材的结构，看其是否配套，还可以分析钢材品种的结构，即各类钢材在钢材产品中的结构。

用水审计中，收集产品结构信息的意义在于，每一种产品单位产品消耗的水量不同。

（九）原材料消耗

原材料即原料和材料。原料一般指来自矿业和农业、林业、牧业、渔业的产品，如铁矿石原矿、原煤、原油，农作物果实等；材料一般指经过一些加工的原料。

从企业生产角度，原材料是指企业在生产过程中经加工改变其形态或性质并构成产品主要实体的各种原料及主要材料、辅助材料、燃料、修理备用件、包装材料、外购半成品等。

原材料是企业存货的重要组成部分，其品种、规格较多，为加强对原材料的管理和核算，需要对其进行科学的分类。企业的原材料消耗种类与产品种类有关，原材料消耗量与产品产量有关。

企业用水审计中，为全面了解企业基本状况，核实产品结构，也应收集原材料消耗信息。

辅料消耗信息也应收集。

（十）历年产量和经济指标

产量一般是指人或机器在一定时间内生产出来的产品的数量。计算产量有不同的标准。有的以原料为依据，有的以产品为依据，如处理能力为 100 万吨的催化裂化装置，是指每年处理原料为 100 万吨的装置；而 30 万吨乙烯装置则指的是每年能生产 30 万吨乙烯的裂解装置。

产值是指工业企业在一定时期内生产的最终产品和提供工业性劳务活动的总价值量，以货币形式表现，表明工业企业工业生产总规模和总水平，反映的是生产总成果，并不说明经营状况的好坏和经济效益。

工业增加值是指工业企业在报告期内以货币形式表现的工业生产活动的最终成果，是工业企业全部生产活动的总成果扣除了在生产过程中消耗或转移的物质产品和劳务价值后的余额；是工业企业生产过程中新增加的价值。计算工业增加值应遵循本期生产的原则，必须是工业企业报告期内的工业生产成果；遵循最终成果的原则，体现在本期生产出的、已出售、可供出售和自产自用的产品和劳务上；遵循市场价格的原则，使用的计算价格是生产者的价格，即按生产者价格估算出的产出额减去按购买者价格估算的中间消耗额。工业企业建立增加值统计，可以反映工业企业的投入、产出和经济效益情况，为改善工业企业生产经营提供依据，并促进工业企业会计和统计核算的协调。

利润是企业盈利的表现形式，是收入减去费用。利润按其形成过程，分为税前利润和税后利润，税前利润也称利润总额，税前利润减去所得税费用，即为税后利润，也称净利润。

税指国家向企业或集体、个人征收的货币或实物，如税收、税额、税款、税率、税法、税制、税务等；税额是需上缴税款的数额，是按税率缴纳的税款数额。

利税是利润和税收的合称，反映的是企业的经济效益和对国家税收方面的贡献。利税总额是指工业企业产品销售税金、教育费附加、资源税和利润总额四项之和，但不包括企业计入生产成本的各项税金，是反映工业企业一定时期内全部纯收入的重要指标。利润总额既包括企业工业生产活动所得的产品销售利润，也包括非工业生产活动及其他营业外活动收支差额。

历年产量与企业取水量或新水量有关，一定数量的取水量或新水量生产的产品产量及产生的各种经济指标，反映了企业的用水效率。企业用水审计活动中，应收集相应的信息。

（十一）组织结构

组织结构是指工作任务如何进行分工、分组和协调合作，是表明企业各部分排列顺序、空间位置、聚散状态、联系方式以及各要素之间相互关系的一种模式，是整个管理系统的“框架”。

组织结构是企业的全体成员为实现企业目标，在管理工作中进行分工协作，在职务范围、责任、权利方面所形成的结构体系。组织结构是企业在职、责、权方面的动态结构体系，其本质是为实现企业战略目标而采取的一种分工协作体系。管理者在进行组织结构设计时，必须正确考虑工作专业化、部门化、命令链、控制跨度、集权与分权、正规化等六个关键因素。

组织结构一般分为职能结构、层次结构、部门结构、职权结构四个方面。职能结构是指实现企业目标所需的各项业务工作以及比例和关系；层次结构是指管理层次的构成及管理者所管理的人数，是一种纵向结构；部门结构是指各管理部门的构成，是一种横向结构；职权结构是指各层次、各部门在权力和责任方面的分工及相互关系。

组织结构包括单位、部门和岗位的设置，单位、部门和岗位角色相互之间关系的界定和企业组织架构设计规范的要求三项内容。

组织结构的发展趋势是扁平化、网络化、无边界化、多元化、柔性化和虚拟化。

企业的组织结构和企业用水管理有关，用水审计中也要收集组织结构的信息。

（十二）员工信息

员工是指企业中各种用工形式的人员，包括固定工、合同工、临时工，以及代训工和实习生。

员工结构包括员工的性别结构、年龄结构、学历结构、地域结构、岗位结构等。性别结构指员工男女所占比例，年龄结构指各年龄段员工的比例，学历结构指员工中博士、硕士、大学、专科、中专及高中、初中及以下人员各占的比例，地域结构指本地员工和外来员工的比例，岗位结构指高层管理人员、中层管理人员、基层管理人员和一线操作工人的比例。

员工结构对用水岗位操作、节水意识、采取节水措施有一定影响，用水审计应收集员工人数及结构信息。

二、用水管理基本信息

企业用水管理基本信息包括管理机构设置及其职责、管理制度文件、管理活动记录档案等。

（一）管理机构设置及其职责

机构泛指机关、团体或其他工作单位，指机关、团体、企业的内部组织。这里的管理机构是指企业内部管理用水的职能部门或二级单位。

职责是指任职者为履行一定的组织职能或完成工作使命，所负责的范围和承担的一系列工作任务，以及完成这些工作任务所需承担的相应责任。

企业用水管理机构的设置多种多样。有的设置在机动部门，有的设置在能源部门，有的设置在设备部门，有的设置在动力厂，等等。

企业用水管理部门的职责一般都有明确规定。可以收集确定的用水管理机构的职责，也要收集水管理相关人员的岗位职责。

（二）用水管理制度文件

企业为加强用水管理，促进节约用水，都会制定一些用水管理制度，有的以文件方式印发，有的以企业标准形式发布。

企业用水管理制度包括各个方面，如企业用水管理指导方针、用水管理目标、取水管理、供水管理、储水管理、水管网管理、水质管理、水处理管理、水计量管理、用水统计管理、用水定额管理、用水计划管理、用水指标管理、用水绩效管理、用水工艺管理、用水设备管理、节水措施管理、奖惩管理等。

企业用水管理制度可以是集各项管理为一体的一项管理制度，也可以是多项管理制度。

（三）管理活动记录档案

企业在多年的用水管理活动中，形成了相应的档案材料，包括用水机构的变迁、用水管理制度的变迁等，在用水管理活动记录档案中都应有所反映。

1. 建设项目水资源论证材料

建设项目水资源论证材料包括建设项目水资源论证报告书、技术审查意见、委托书、审查意见等。

2. 取水许可手续

取水许可手续包括取水工程建设及其试运行情况、取水工程验收申请、取水许可申请、取水许可证等。

3. 节水措施资料

节水措施资料包括节水措施论证、采取时间、投资、效果等。

4. 用水指标考核资料

用水指标考核资料包括内部考核资料，也包括政府水资源管理部门对企业的考核资料。

5. 水管理会议记录

企业召开水管理的会议，会议记录应该存档。

6. 企业水管理机构和组成

企业历年水管理机构及其组成情况。

7. 企业水计量器具配备情况

企业取水、受水、供水、各系统（各单元）用水、重复利用用水、排水计量器具配备情况。

三、用水信息

企业用水信息包括主要生产、辅助生产和附属生产过程的用水信息。

（一）取水水源

取水水源是每个用水的工业企业都存在的，有的企业只有一种水源，有的企业有两种及两种以上水源。水源一般为地下水、地表水、城市再生水和其他非常规水源，直接从供水工程如自来水取水的，其原始水源一般为地下水和地表水。

对于各种水源，都要调查水量、水温和水质。

1. 地下水

企业使用地下水水源，一般为自备水井，根据企业取水量，可以是独立自备水井（包括备用水井）和井群。

对于自备水井，要掌握井深、动静水位、历年的水位变动与水文地质条件以及允许开采量等。

井深就是水井的深度，是企业打井时钻井的深度。根据地下水水面同地面之间的距离，水位分为动水位和静水位，动水位是井中抽水时用人工控制的井孔内地下水的变动水位，静水位是抽水前或水位恢复后井的地下水位。历年水位变动是历史的回顾，属于历史资料，从中可以知道最深水位和最浅水位。水文地质条件指与地下水有关的地质条件，水文地质指自然界中地下水的各种变化和运动的现象。允许开采量是指通过技术经济合理的取水构筑物，在整个开采期内出水量不会减小，动水位不超过设计要求，水质和水温变化在允许范围内，不影响已建水源地正常开采，不发生危害性的环境地质现象的前提下，单位时间从水文地质单元或取水地段中所能取出的地下水量，不应当消耗含水层中得不到补偿的储存量。单位用水量是抽水试验时井孔内水位每下降 1m 时的涌水量，是对比含水层出水能力大小的重要指标。

2. 地表水

要调查地表水水源，是从江河、湖泊，还是水库取水；是围堰等工程取水，还是利用工程机械取水；是使用管道输水，还是使用水渠输水。要查明地表水补水的来源、最大可提取量和取水地点与企业的距离。

3. 非常规水源

要查明非常规水源与企业之间的距离，输送方式。属于城市再生水的，要收集城市污水处理厂处理能力和再生水可供应量。

4. 供水工程

要收集供水工程的水源情况，供水工程的输水方式，供给企业的管道或水渠的尺寸，工程对企业的最大供水能力。还要了解供水工程的取水许可情况，包括许可取水量、许可取水年限、许可取水方式等。

（二）水量

通过查阅企业用水的原始记录、统计报表、费用账单，统计企业基准期和审计期的取水量、新水量、用水量、排水量及各阶段的水质情况。对于主要用水系统和用水单元的上述数据也要统计。

（三）指标

查阅有关部门对企业下达的计划用水指标，包括月度用水量、企业单位产品耗新水等内部用水考核指标。

（四）用水系统（单元）和台账

查阅用水设备（用水系统）设计图纸、运行记录、原始文件等，调查企业循环水系统、换热器、锅炉、制冷、制氧、软化处理、污水处理等主要设备（系统）的设备配置、服务区域、运行情况、处理能力、制水率、回用率以及水量和水质数据等信息。

循环水系统是水循环用于同一过程的用水系统，循环冷却水系统是冷却水循环用于同一过程的用水系统；串联水系统是在确定的用水单元或系统，生产过程中产生的或使用后的水，再用于另一单元或系统的一种用水系统；回用水系统是企业产生的排水，直接或经处理后再利用于某一用水单元或系统的一种用水系统。

直流式用水系统是在生产过程中，水经一次使用后，直接排放的一种用水系统；直流冷却水系统是冷却水经一次使用后，直接排放的用水系统。

冷却塔是用水作为循环冷却剂，从一系统中吸收热量排放至大气中，以降低水温的装置；是利用水与空气流动接触后进行冷热交换产生蒸汽，蒸汽挥发带走热量达到蒸发散热、对流传热和辐射传热等原理来散去工业上或制冷空调中产生的余热来降低水温的蒸发散热装置，以保证系统的正常运行。冷却塔是集空气动力学、热力学、流体力学、化学、生物化学、材料学、静态结构力学、动态结构力学、加工技术等多种学科为一体的综合产物。冷却塔是循环冷却水系统中把水降温，以便继续循环利用的设备设施，不属于用水设备的范畴。

换热器是将热流体的部分热量传递给冷流体的设备，又称热交换器。换热器在化工、石油、动力、食品及其他许多工业生产中占有重要地位，其在化工生产中应用较多，可作为加热器、冷却器、冷凝器、蒸发器和再沸器等。

锅炉是一种能量转换设备，向锅炉输入的能量有燃料燃烧放出的化学能、电能，锅炉输出具有一定热能的蒸汽、高温水或有机热载体。锅的原义指在火上加热的盛水容器，炉指燃烧燃料的场所，锅炉包括锅和炉两大部分。锅炉中产生的热水或蒸汽可直接为工业生产提供热能，也可通过蒸汽动力装置转换为机械能，或再通过发电机将机械能转换为电能。提供热水的锅炉称为热水锅炉，主要用于生活，工业生产中也有少量应用。以导热油（有机热载体）为加热介质的锅炉一般称为导热油炉。

制冷又称冷冻，是将物体温度降低到或维持在自然环境温度以下。人工制冷是利用制冷设备加入能量，使热量从低温物体向高温物体转移的一种属于热力学过程的单元操作。

制氧有各种方式，如冷冻制氧（空气分离）、变压吸附制氧、化学制氧等。大型工业制氧如钢铁联合企业的制氧一般采取冷冻方式，对于数量不大纯度要求不高的可采用变压吸附制氧，化学制氧适用于少量制氧或特殊用途制氧。冷冻制氧是耗水最多的制氧方式。

软化处理采用强酸性阳离子树脂将原水中的钙、镁离子置换出来，再经过滤分离出来。现在也采取反渗透技术制取软化水。

污水处理是为使污水达到排入某一水体或再次使用的水质要求对其进行净化的过程，由一系列设施组成。

各行业都有各自的用水设备，有些用水设备是一些行业特有的，如钢铁联合企业的烧结机、高炉、氧气顶吹转炉、连铸机、轧机等，铁矿选矿中的磁选机，洗煤中的机械，啤酒生产中的糖化设备等。

用水审计中，要收集这些设备的用水量和水质要求，通过用水台账掌握这些设备的用水情况，包括新水来源和排水去向等。对于用水系统，要收集其设备配置、服务区域、运行情况、处理能力、制水率、回用率以及水量和水质数据等信息。

（五）水管网

收集企业供水管网、重复利用（包括循环利用、串联利用和回收利用）管网、排水管网管网图及其渗漏、维修情况。

（六）计量器具

查阅用水计量器具台账、维修及校验记录等，调查企业用水计量器具配置状况。

测量仪器又叫做计量器具，是单独地或连同辅助设备一起用以进行测量的器具；计量器具就是能用以直接或间接测出被测对象量值的装置、仪器仪表、量具和用于统一量值的标准物质。

台账，原指摆放在台上供人翻阅的账簿，故名台账；这个名词就固定下来，实际上就是流水账。

计量器具台账一般包括器具名称、管理编号、出厂编号、型号、规格、生产厂家、精度及分辨率、校准周期、检定日期、有效期、领用人、责任人、使用部门和岗位（安装部位）、计量单位等。

通过查阅用水计量器具台账，对照相关配备标准，可以确定水计量器具的配备率和精度符合情况。

（七）运行

查阅用水计量和水质数据监测记录等资料，梳理水资源监测设备配置及运行情况，收集用水计量和水质数据采集方式与周期、监测方式及效果等方面的信息。

监测就是监视和检测，监即监视监听监督，测为测试测量测验。企业对于用水水量和水质数据应进行定期和不定期监测，并将监测时间和结果记录下来，形成台账。水量、水温、水质等数据用什么装置和仪器仪表监测，装置和仪器仪表运行情况，数据如何采集，采集周期多长，监测用什么方式，有什么效果，这些信息都需要收集。

由于人工抄表的管理方式，很多企业数据的监测周期比较长，基本在一个月左右，随着现代信息技术的发展，很多企业建立了计量检测系统，数据可以实时采集并记录，周期大为缩短，从日到小时、分钟、秒，形成了海量数据并保存在电子媒介，水量、水温、水质等监测也走进了大数据时代，为分析企业用水情况提供了良好的基础条件。

第二节 现场验证和调查

现场验证和调查与收集信息一样，也是用水审计的基础工作。收集信息主要依靠企业的反馈，而现场验证和调查主要靠用水审计人员的主动。

现场验证和调查之前，要制定周密的现场验证和调查工作计划，计划内容包括现场调查方式、调查时间、调查内容、调查人员、调查表等。

一、现场验证和调查的形式

现场验证和调查可以采取现场考察、走访座谈等多种形式。

（一）现场考察

考察指实地观察调查，有调查勘察、思考观察之意。

现场考察是常用的验证和调查方式。通过现场考察，用水审计人员可以直观感受到企业基础用水状况及其管理情况，同时对企业管理、企业员工的精神风貌等有感性认识，对企业形成一个基本印象。

现场考察中，用水审计人员要发挥主动性，对考察地点、考察时间、考察内容等有详细的预案。

（二）走访

走访是前往访问或拜访。用水审计人员走访的对象是企业高层管理人员、中层管理人员、基层管理人员和一线操作岗位员工，这些人员职责和岗位不一定与企业用水有关，但要对企业状况、企业用水情况及相关情况有一定的了解。在选择走访对象时，大部分还应该是与企业有关的人士。

另外，还可以走访当地水资源管理部门、环境保护主管部门、水源地相关人员（包括地下水水井附近人员、地表水取水地点附近人员、水库管理部门人员、城市污水处理厂等）、污水排放去向附近人员等。

（三）座谈

座谈是比较随便地、不拘形式地讨论。座谈人员参加范围与走访人员基本一致。

走访时被访问人员一般没有准备或准备不足，座谈时可以提前把座谈主题告诉与会人员，使其做好准备，甚至可以携带相关资料参加。

二、现场验证和调查的主要内容

开展现场调查的主要内容包括全面了解审计对象（即被审计企业）并完善审计边界，确定取用水和管理的总体情况，各项节水管理制度的落实情况，企业用水现状、特点和趋势、存在困难、已采取的节水措施及其节水效果、拟采取的节水措施、节水建议等，用水设备（用水系统）在生产中涉及的各种用水及运行情况，用水单元输入水量及来源、输出水量及去向、进出口水质和水温，用水计量器具的配备、安装位置与工作状态等，供排水管网及各种供排水管径和其他有关事项。

对开展过水平衡测试的企业，根据提供的水平衡测试报告和水量平衡图对相关数据和信息进行相应的验证。

（一）全面了解审计对象并完善审计边界

审计对象就是用水审计的企业。审计人员前期对企业的了解多数是从资料得来的，没有感性的第一印象。通过现场验证和调查，可以加深对企业及其用水状况的了解，进一步清晰明确企业取水、用水、排水的状况，对企业用水审计的范围和边界可以进一步完善。

（二）确定取用水和管理的总体情况

现场验证和调查中，通过观察、走访和座谈，可以确定企业取水水源及水源情况，确定水源水质及其与企业用水要求的符合性，明确企业的用水工艺、用水系统、用水单元、用水设备和水的重复利用情况，确定企业污水的排放去向、水质及其处理、回用情况，对企业水系统及用水管理的总体情况有清晰的观察。

（三）各项节水管理制度的落实情况

制度是要求成员共同遵守的规章或准则。

制度具有指导性和约束性、鞭策性和激励性、规范性和程序性等特点。指导性和约束性指制度对相关人员做些什么工作、如何开展工作都有一定的提示和指导，同时也明确相关人员不能做些什么，以及违背了会受到什么样的惩罚；鞭策性和激励性指制度有时就张贴或悬挂在工作现场，随时鞭策和激励着人员遵守纪律、努力学习、勤奋工作；规范性和程序性指制度对实现工作程序的规范化，岗位责任的法规化，管理方法的科学化，起着重大作用，为人们的工作和活动提供可供遵循的依据。

用水管理制度和节水管理制度是企业用水、节水管理方面的制度。

制度是以执行力为保障的，再好的制度不去执行，就形成了一纸空文，制度只有执行才能发挥作用，才具有生命力。

通过现场验证和调查，可以看出企业用水、节水管理制度在企业各二级生产厂、企业各职能部门、企业各岗位的落实情况。首先要验证和调查这些生产厂、部门和岗位对用水、节水管理制度的了解、熟悉和掌握情况，如果只是文件，只是纸上的文字，制度是不可能执行好的，甚至不可能得到执行。只有制度深入人心，从心底敬畏制度、尊重制度，制度才会得到认真贯彻执行。

用水、节水制度的执行情况，还可以查阅制度执行的记录，特别是用水、节水方面的奖惩情况。奖惩制度也是用水、节水管理制度中的重要制度，完成用水节水指标好、提出节水的合理化建议等都应当得到奖励，超额用水、长流水等现象都应受到处罚，而这些奖励和处罚都应记录在案，用水审计人员应进行查阅。

（四）企业用水现状、特点和趋势、存在困难、已采取的节水措施及其节水效果

1. 企业用水现状

企业用水的取水量、用水量、循环用水量、串联用水量、污水处理回用量、排水量及单位产品新水量、企业排水率、水的重复利用率等情况，都是企业用水状况的内容。

企业用水工艺、用水设备等，也是用水现状的内容。企业用水现状的内容还有很多，在企业用水审计时，要尽可能多地收集、验证和调查。

2. 企业用水特点和趋势

特点是事物所具有的独特的地方。企业用水特点就是企业用水独特、与其他多数企业不同之处，如使用海水冷却、水源使用海水淡化、水源使用城市再生水、采用软水密闭循环冷却、使用直流冷却、串联用水多、水系统集成优化、使用无水工艺无水技术等。

趋势就是市场运动的方向，企业用水趋势就是企业用水的发展方向，包括水源、工艺、排水、污水处理等方面。如企业用城市污水处理厂再生水置换地下水、用地表水置换地下水、进行水系统集成优化、污水深度处理后回用等。

把企业用水特点和趋势调查清楚对于企业用水审计分析是很有帮助的。

3. 存在困难

困难指事情复杂、阻碍多。受场地、水源、水质、环境、企业生产工艺等限制，企业在用水节水方面存在一定困难是难免的。调查清楚这些困难所在，提出克服困难的方案，促进企业合理用水、节约用水，提高企业用水效率，是企业用水审计要重视的关键之一。

4. 已采取的节水措施及其节水效果

节水措施是企业节水的主要手段，包括节水管理措施和节水技术措施，从投资上说可分为无/低费措施和中高费措施。

企业在历年运行中采取了哪些节水措施，节水措施的原理，节水措施投资多少，建设周期多长，节水的实际效果（节水效益和经济效益）如何，投资回收期多长，有没有推广价值，在其他地方推广效果怎么样，这些都要调查清楚，每一项节水措施都要分别查清，还可以现场察看节水措施运行情况，拍照存档。

（五）用水设备（用水系统）在生产中涉及的各种用水及运行情况

企业的用水种类很多，各用水设备、用水系统的用水种类也有同有异。一些企业的用水设备、用水系统很多，每个用水设备、用水系统都要调查，要查清用水的来源、对水温水质的要求、排水去向等情况，为现场测试打好基础。

运行是周而复始的运转。主要生产设备一般也是主要用水设备，启动后处于运行状态，有些是连续运行，有些是周期性运行。有些设备虽然是周期性运行，但其用水系统是连续运行，但冷却水系统的出水温度也有周期性的变化，如氧气顶吹转炉炉体设备冷却系统。

现场验证和调查，要把主要用水设备和用水系统的运行特征调查清楚，设备是连续运行还是周期性运行，设备冷却系统在设备周期性运行时能否同步，能否停止运行。

（六）用水单元输入水量及来源、输出水量及去向、进出口水质和水温

这部分可以结合现场测试进行，现场配备水计量器具的，可以从水计量器具的显示仪表或信息系统读数。一般来说，企业对于新水的计量比较重视，其计量器具配备较齐全；而对循环水等重复利用水的计量就不够重视，计量器具安装较少，也就成为现场测试的重点。

水的温度测量有些地方有仪表，一般测温仪表只设在必要的地方，多数地方是没有测温仪表的。水质一般是取样分析，周期也比较长，现在有些企业安装了能在线监测 COD 的设备，数据可以直接使用。

（七）用水计量器具的配备、安装位置与工作状态

收集资料时，要收集用水计量器具的配备安装情况，现场要验证这些计量器具是否配备，其安装位置，所在位置的安装条件是否满足，察看水计量器具的工作状态。

状态是人或事物表现出来的形态，水计量器具的工作状态就是水计量器具运行的状况，即水计量器具是否在工作，是否处于检定周期内，安装是否符合要求，数据显示是否清晰，已接入信息系统的数据的刷新频率等。

（八）供排水管网及各种供排水管径

供水管网由取水主管道和配水管网组成，使用水渠从水源取水到企业的，就是配水管网。按照分质供水的要求，企业配水管网应有新水管网、净水管网、软化水（除盐水）管网、回用水管网等组成。

配水管网一般分为环状管网和枝状管网两种形式。环状管网管道纵横相互接通，形成环状；枝状管网干管和支管分明，形成树枝状。

根据雨污分流的原则，排水管网一般分为雨水排水管网和污水排水管网。随着水资源的紧张和节水意识的提高，很多企业把雨水作为企业水源之一加以利用，建造了雨水存储水池；污水也不再排入水环境，而是进行深度处理达到生产用水标准后回收利用，部分污水直接用于水质要求不高的用水系统。

现场验证和调查要根据企业提供的供排水管网图查清管道走向，并检查管道管径与图纸是否相符合。

（九）其他有关事项

现场验证和调查还要察看企业有关用水的其他事项。这些事项要在信息收集时通过各种手段挖掘出来，也许就是这个企业用水方面的特色或需要改进之处。

第三节 现场测试

有些情况受现场情况所限，是无法进行现场验证和调查的，有些则需要通过现场测试来得到真实数据。

测试是测定、检查、试验，测定是指使用测量仪器和工具，通过测量和计算，得到一系列测量数据。这里的测试就是测定的同义词。

根据用水审计需要，确定进行现场测试的参数。

一、现场测试工作计划

现场测试要制定现场测试计划，计划内容包括现场测试范围、项目、点位、时间、周期、频率、监测仪器、测试依据和条件、质量保证措施等。

（一）现场测试范围

范围指界限、限制，一定的时空间限定。现场测试要有一个明确的范围，这个范围首先要在用水审计范围之内，并根据收集到的信息和现场调查情况确定。

需要现场测试的数据，一般是现场没有配备计量器具或计量器具精度不满足要求、现场安装条件与计量器具要求不一致而无法得到数据或无法得到准确数据之处。有时为了验证现场仪表的准确性，也进行现场测试。

（二）项目

项目的含义很丰富，一般是指一系列独特的、复杂的并相互关联的活动，这些活动有着一个明确的目标或目的，必须在特定的时间、预算、资源限定内，依据规范完成。这里的项目是一个很狭义的名词，就是指用水审计中现场所要测试的参数。

用水审计测试项目一般为流量（水量）、温度、水质，有时也需要测试生产系统的参数。

临时性数据如某一场降雨厂区积存雨水量一般不作为现场测试项目，因其对企业用水没有普遍性意义。

（三）点位

这里的点位是水流量、温度的测试位置和水质分析的取样位置，也是生产参数测试点或测试位置，如水的温度测试点在冷却水的进口和出口。

测试点位根据需要和现场情况确定。选取测试点位时，既要保证测试的参数有代表性，又要符合所用仪器仪表要求的条件，如流量测试的直管段长度。

（四）时间和周期

测试计划应明确每个测试项目的测试时间和测试周期，明确整个现场测试工作的开始时间和结束时间。

（五）测试频率

频率是单位时间内完成周期性变化或重复性工作的次数，是描述周期运动或重复性工作频繁程度的量，测试频率即单位时间测试的测试次数，单位时间可以是每小时、每天、每星期。

由于用水时间的限制，现场测试的时间不能过长，所以测试频率以每天作为单位时间比较合适。

（六）测试仪器

现场测试仪器仪表一般使用便携式仪器仪表。可以使用现场计量器具测试的，可以借用现场计量器具。

1. 流量测试仪器仪表

水的流量测试仪器仪表包括机械式水表、超声波流量计、电磁流量计、差压流量计、转子流量计、涡街流量计、容积流量计、质量流量计等。

（1）机械式水表。

机械式水表有旋翼式水表、螺翼式水表等。

旋翼式水表是依靠从表壳进水口的进水切向冲击叶轮使之旋转，然后通过齿轮减速机构连续记录叶轮的转数，从而记录流经水表的累积流量。现在有的旋翼式水表加装旋转翼，每转一圈输出一个脉冲信号，后面的电路来统计脉冲信号，从而计量水流量，从表面上看，具有了远传功能，但其工作原理还是机械式水表。旋翼式水表适用于小口径管道的单向水流总量的计量，主要由外壳、叶轮测量机构和减速机构及指示表组成，结构简单。

螺翼式水表又称涡轮式水表，其叶轮采用螺翼形状，依靠螺翼的转动计数，原理和结构都与旋翼式水表类似。螺翼式水表根据螺翼轴线与水管轴线平行或垂直，分为水平螺翼式水表和垂直螺翼式水表。

机械式水表需要安装在水管内，一般不适用于临时测试。

（2）超声波流量计。

超声波流量计是通过检测流体流动对超声束（或超声脉冲）的作用以测量流量的仪表。根据对信号检测的原理超声流量计可分为传播速度差法（直接时差法、时差法、相位差法和频差法）、波束偏移法、多普勒法、互相关法、空间滤法及噪声法等超声流量计，是一种非接触式仪表，既可以测量大管径的介质流量也可以用于不易接触和观察的介质的测量。超声波流量计有插入式、管段式、外夹式、便携式、手持式、防爆型等多种。插入式超声流量计可不停产安装和维护，采用陶瓷传感器，使用专用钻孔装置进行不停产安装，一般为单声道测量，为了提高测量准确度，可选择三声道；管段式超声流量计需切开管路安装，但以后的维护可不停产，可选择单声道或三声道传感器；外夹式超声流量计能够完成固定和移动测量，采用专用耦合剂（室温固化的硅橡胶或高温长链聚合油脂）安装，安装时不损坏管路；便携式超声流量计实用便携，内置可充电锂电池，适合移动测量，配接磁性传感器；手持式超声流量计体积小，质量轻，内置可充电锂电池，手持使用，配接磁性传感器；防爆型超声流量计用于爆炸性环境液体流量测量，为防爆兼本安型，即转换器为防爆型，传感器为本质安全型。

临时测试多数使用便携式超声波流量计。

（3）电磁流量计。

电磁流量计基于法拉第电磁感应原理，根据法拉第电磁感应定律，导电体在磁场中作切割磁力线运动时，导体中产生感应电压，该电动势的大小与导体在磁场中做垂直于磁场运动的速度成正比，由此再根据管径、介质的不同，转换成流量。

电磁流量计选型原则一是被测量液体必须是导电的液体或浆液；二是正常量程超过满量程的一半，流速在2~4m之间；三是使用压力必须小于流量计可承受压力；四是不同温度及腐蚀性介质选用不同内衬材料和电极材料。

电磁流量计的优点是无节流部件，压力损失小，减少能耗，只与被测流体的平均速度有关，测量范围宽。电磁流量计只需经水标定后即可测量其他介质，无须修正，最适合作为结算用计量设备使用。

（4）差压流量计。

差压流量计是以测量流体流经节流装置所产生的静压差来显示流量大小的一种流量计。最基本的配置由节流装置、差压信号管路和差压计组成。工业上最常用的节流装置是已经标准化了的“标准节流装置”，如标准孔板、喷嘴、文丘利喷嘴、文丘利管。现在节流装置特别是喷嘴流量测量朝一体化方向发展，将高精度的差压变送器和温度补偿与喷嘴作成一体化，大大提高了精度。现在工业测量中也采用一些非标准节流装置，如双重孔板、圆缺孔板、环形孔板等，这些仪表一般需要实流标定。

（5）转子流量计。

转子流量计是变面积式流量计的一种，在一根由下向上扩大的垂直锥管中，圆形横截面的浮子的重力由液体动力承受，浮子可以在锥管内自由地上升和下降，在流速和浮力作用下上下运动，与浮子重力平衡后，通过磁耦合传到刻度盘指示流量。

（6）涡街流量计。

涡街流量计是一种速度式流量计，输出信号是与流量成正比的脉冲频率信号或标准电流信号，不受流体温度、压力成分、黏度和密度的影响。涡街流量计结构简单，无运动件，检测元件不接触被测流体，具有精度高、使用寿命长等特点。不足之处是在安装时需要一定的直管段，且普通型对于振动和高温没有很好的解决办法。涡街流量计有压电式和电容式两种。

流量测试仪器还有容积流量计、质量流量计、靶式流量计等，但适合临时现场测试的，一般就是便携式超声波流量计。

当采用水表读数法、速度法等测定水流量时，需要计时仪器仪表，一般采用秒表。

2. 温度测试仪器仪表

温度测试仪器仪表有玻璃温度计、电阻温度计、热电偶等。

（1）玻璃温度计。

玻璃温度计是一种经过人工烧制、灌液等十几道工艺制作而成，价格低廉、测量准确、使用方便、无需电源的传统测温产品。其在生产和生活中得到广泛的应用。以圆棒或三角棒玻璃作为原材料，以水银或有机溶液（煤油、酒精等）作为感温介质，可以制作出适合不同需求的各种产品。

从使用方法上区分，玻璃温度计可以分为全浸式温度计和局浸式温度计两种。全浸式温度计在测量液体时需要将玻璃温度计全部放入被测物中，局浸式只需浸入温度计上标明的指定位置即可。从刻度面形式区分，玻璃温度计又可分为酸蚀刻度温度计和丝印刻度温度计。酸蚀刻度是一种腐蚀雕刻技术，将刻度值写在玻璃棒上，丝印刻度采用丝网印刷工艺将数字线条图形印在玻璃上，然后经过热处理形成了红褐色、黑色等色彩的釉面效果，耐酸碱油腐蚀，不退色，永不磨损。玻璃棒式温度计通常为直型，也可根据用户的需要制作各种角度。以有机液体为感温液的玻璃温度计可以测量-100～+200℃以内温度，而水银温度计可以测量-30～+600℃以内温度。

玻璃温度计测量温度时测量不确定度的几个主要来源，基本上可分为两大类：一类是玻璃温度计在分度或检定时由标准器本身的不确定度和标准设备带来的，另一类是玻璃温度计的特性及测试方法所带来的。主要有人员读数的影响、标尺位移对示值的影响、毛细管不均匀对示值的影响、露出液柱对示值的影响、时间滞后对测量的影响和零位变化对示值的影响等六点。

（2）电阻温度计。

电阻温度计使用已知电阻随温度变化特性的材料所制成的温度传感器。最常用的电阻温度计都采用金属丝绕制成的感温元件，主要有铂电阻温度计和铜电阻温度计，在低温下还有碳、锗和铑铁电阻温度计。

电阻温度计的优点是精度高、漂移低、适用范围宽、适宜高精密的应用。

(3) 热电偶。

热电偶温度计是以热电效应为基础的测温仪表，结构简单、测量范围宽、使用方便、测温准确可靠，信号便于远传、自动记录和集中控制，因而在工业生产中应用极为普遍。热电偶温度计由三部分组成：热电偶（感温元件），测量仪表（动圈仪表或电位差计），连接热电偶和测量仪表的导线（补偿导线）。热电偶是工业上最常用的一种测温元件。

3. 水质测试仪器仪表

多参数水质在线分析仪又名多参数水质自动监测集成系统，适用于水源地监测、环保监测站、市政水处理过程、市政管网水质监督、农村自来水监控、循环冷却水、泳池水运行管理、工业水源循环利用、工厂化水产养殖等领域。

水质分析仪分为简分析、全分析和专项分析三种。简分析在野外进行，分析项目少，但要求快而及时，适用于初步了解大面积范围内各含水层中地下水的主要化学成分专项分析的项目，分析项目根据具体任务的需要而定。全自动离子分析仪可快速而准确地进行定性定量分析，并可全自动、智能化、实时在线、多参数同时进行分析。

水质测试还可以取样后送实验室测定。

(七) 测试依据和条件

依据是作为根据或依托的事物，测试依据指现场测试时根据或依托的标准、规范、人们认可的方法。如企业水平衡测试的依据是国家标准 GB/T 12452—2008《企业水平衡测试通则》；流量测量的依据有 GB/T 25922—2010《封闭管道中流体流量的测量　用安装在充满流体的圆形截面管道中的涡街流量计测量流量的方法》、GB/T 2624. 1—2006《用安装在圆形截面管道中的差压装置测量满管流体流量　第 1 部分：一般原理和要求》、GB/T 2624. 2—2006《用安装在圆形截面管道中的差压装置测量满管流体流量 第 2 部分：孔板》、GB/T 2624. 3—2006《 用安装在圆形截面管道中的差压装置测量满管流体流量 第 3 部分：喷嘴和文丘里喷嘴》、GB/T 3214—2007《水泵流量的测定方法》、GB/T 35138—2017《 封闭管道中流体流量的测量 渡越时间法液体超声流量计》等；水质、水温的测试依据是国家标准GB 13195—1991《水质 水温的测定　温度计或颠倒温度计测定法》等。

（八）质量保证措施

质量保证措施是保证测试数据准确的措施，包括仪器设备、人员、测试过程等方面。

1. 仪器设备保证

为保证现场测试的质量，要按照规定周期对仪器设备进行检定，制定仪器设备检定计划，按时送检应检定设备，保证所有仪器设备均在检定周期内，符合测试要求。

对于测试仪器仪表粘贴三色标识，对不合格仪器及时检修，检定合格后方可进行测试，对不合格的设备粘贴停用标识，不得使用。

测试仪器仪表设备定期由设备管理员和测试人员进行检修和保养，对部分使用频率高的试验仪器进行期间核查，确保其功能正常，性能完好，精度可以满足测试的要求。

2. 测试人员技术素质保证

定期不定期对检测人员进行培训，并进行考核，确保测试人员现场测试程序、测试仪器仪表操作、现场测试条件确认的正确性。

3. 测试检测过程中的质量保证

根据现场测试的工作量和要求，实行技术负责人负责制，选取适用的国家规范和技术标准，使用正确的测试方法和适当的仪器仪表测试。

按照标准规范要求进行数据处理，并由测试人员进行复核。

二、测试方法

测试方法包括水量测试方法、水温测试方法和水质测试方法。

（一）水量测试方法

1. 水量测试时段与周期

（1）水量测试时段。

水量测试应在生产正常、运行稳定、有代表性的时段进行。测试时主要产品产量应达到设计水平的80%以上，或与上年、上月正常生产日（不含检修等停机时间）平均日产量相差不超过10%。

对于周期性生产企业，现场测试要包含1到数个完整的生产周期。

水量测试的时段要有代表性，测试时生产运行应稳定。北方一些地区，冬天有采暖、夏天有空调，温度、湿度相差较大，而测试的周期又不可能很长，用水审计要在一定的时间内完成，所以没有提出季节选择的问题。季节差别可以根据企业用水记录进行适当修正，计算全年各项水量及用水技术经济指标。

（2）水量测试周期。

对于连续性生产企业，可选择不少于 3 天的时间作为测试周期。

对于连续性生产企业，由于生产基本保持均匀连续，理论上任意一刻的用水应该是恒定的，但实际上受到各种因素的影响，在现场测试中无法提前预测。根据企业规模和生产的复杂性，选择不少于 3 天的时间作为测试周期。

对于周期性生产企业，用水周期一般随着生产周期变化，而每个周期的变化规律是基本一致或比较接近的，因此现场测试应包含 1 到数个完整的生产周期。

现场测试的周期与测试的时段是有所区别的。现场测试周期从时间上来讲是比较长的，包括了生产用水大小变化的全过程，这个过程没有重复，也不存在缺漏，是一个完整的极具代表性的用水过程，它与生产周期相吻合。而测试时段包括在测试周期之中，是周期内的某一时间段。一个周期中包含了很多的时段。在测试中所取得时段越多，就越容易确定准确、可靠的数据。

从理论上讲，使用某一时段或一个周期的累积数据要比使用瞬时数据更具有代表性。因此，建议水量测试使用某一时段或一个周期的累积数据。

2. 水量实测方法

水量现场实测可采用在线水计量器具计量、容积法（称重法）、堰测法以及便携超声波流量计等方法。

（1）在线水计量器具计量法。

对于在检定周期内的在线水计量器具（电磁流量计、孔板流量计、涡衔流量计、涡轮流量计及旋翼式水表、螺翼式水表），其测量结果可直接采用。

测试时读取 72h 数据，间隔 24h 读取一次累积流量和瞬时流量。采用计算机终端作为二次仪表的，可从存储数据中调取。

（2）容积法（称重法）。

容器法是流量测试的重要方法，分为现场测试和实验室测试。使用容积法测试水量，需要使用容器、计时器、衡器或量筒。

所用容器应有足够大的容积，一般应具备 10s 以上流量的体积；液体流入容器的时间通常用内部带有一个精确的时间参比标准例如石英晶体的电子计数器来测量，能读出 0.01s 的分辨率，现场测试可采用体育计时秒表；衡器（秤）可以采用任何形式的衡器，例如机械秤和带应变式负荷传感器的衡器，只要灵敏度、精确度和可靠性满足要求。衡器应定期维护并按周期检定或校准。

流量计算可按照 GB 3214—2007 中 7.5 节公式计算流量。

（3）堰测法。

堰测法是常用的流量测量方法之一，为固定式测量装置。堰测法测量和计算按照 GB 3214—2007 中第 6 章（水堰）进行。

（4）便携超声波流量计。

由于现场情况复杂，没有安装固定式流量测量装置的部位，需要进行临时测量。超声波流量计法是临时性测量经常选用的方法，便携式超声波流量计也是水平衡测试中最常用的测量仪器。

使用便携超声波流量计测定水量，应按照 GB 3214—2007 附录 D 中 D.1 有关规定和便携式超声波流量计说明书进行。

（5）其他方法。

符合相关国家标准、行业标准规定的其他水流量测定方法均可按照规范条件使用。对于超大流量的流量测量，可采用示踪物法和速度面积法等方法，但由于其使用比较复杂，影响因素比较多，测量所得数据一般仅作为参考。

3. 漏失水量的测定

在不同的现场条件下，可以分别采用以下方法测定漏失水量。

（1）对于有条件停水的系统或单元，可选择适当的时间，如公休日等，关闭全部用水阀门，若水表继续走动，则表明管网有漏水，水表的读数可近似认为是该区的漏失水量。

（2）采用容积法或现场安装超声波流量计等方法对全部水表进行校验，当二级水表的计量率为 100%时，一级水表计量数值与二级水表计量数值之差即为漏失水量。

（3）当无条件对全部水表进行校验时，当二级水表的计量率为 100%时，一级水表计量数值与二级水表计量数值大于 3%～5%时，可近似认为其大于部分为该区的漏失水量，具体取值依据水表校验情况而定。

（4）将供水树枝状管网，分片、分段区割，利用管网的干、支线的主要控制的阀门的关闭，开启观察下游水量的流或断，再根据上游的干线表计量读数来判断漏失水量。如果漏失水量不便确定时，可根据具体情况适当地缩小区域范围，这样分片、分段逐步测得各片、各段的漏渗水量，最后再将各区、段的漏失水量合计在一起就是整个企业的漏失水量。

4. 耗水量的计算

对于没有漏失的用水单元或用水系统，新水量（包括串联用水输入水量）减去排水量（包括串联用水输出水量）可作为其耗水量。

敞开式循环冷却水系统耗水量可根据 GB/T 12452—2008 附录 A 计算，但式（A.4）只用其前半部分（S 数值不查表），且其中 C、λ 说明应做如下改变：

C——水的比热容，kJ/(kg·℃)；

λ——冷却塔进口水温度相应的蒸发潜热，kJ/kg。

5. 不得使用的水量测算方法

不得使用设备用水定额计算水量。

（二）水质测试方法

水的取样、水质参数测定按照国家有关标准进行（水质参数确定因素较多，不同的参数有相应的测试方法标准）。

如果企业有水质测定机构，可取其数据。

如果供水单位、环保部门、水管理部门定期对企业供水、排水水质进行测定，可取其数据。

当企业内给水处理单元对原水进行水质测试且分析方法符合相关标准时，可取其数据；城市再生水可使用城镇污水处理厂出水水质测试数据。

（三）水温测试方法

水温测试主要针对间接冷却循环水进出口处和对水温有要求的控制点的水温。

如间接冷却循环水进出口处和对水温有要求的控制点有温度计量器具，且在计量检定周期内，精度符合要求的，则可直接读数。

使用玻璃液体温度计测定水温时，其插入深度要符合规定。

循环水池中水温可参照 GB/T 13195—91 测定。

三、测试内容

一般来说，用水设备（用水系统）的现场测试内容包括：冷却水系统的补充水量、进出口水质和水温，软化水、除盐水系统进出口的水量（输入水量、输出水量、排水量）和水质，锅炉系统进出口的水量（补充水量、排水量、冷凝水回用量）、水质和水温，废水处理系统进出口的水量（输入水量、外排水量、回用水量）和水质，工艺用水系统进出口的水量（输入水量、输出水量）和水质，其他用水单元进出口的水量（输入水量、输出水量）和水质。

现场测试数据应保留原始记录，经确认后进行整理、换算和汇总。

（一）冷却水系统的补充水量、进出口水质和水温

冷却水系统是冷水流过需要降温的生产设备，使其降温，带走设备生产过程中产生的热量而使其温度不超过限值，冷水温度随之上升。

冷却水系统分为直流冷却水系统和循环冷却水系统。直流冷却水系统是冷却水经一次使用后，直接排放的用水系统；循环冷却水系统是冷却水循环用于同一过程的用水系统，升温后的冷水流过水冷却设备（如冷却塔）使水温降低，用泵送回生产设备再次使用。

循环冷却水系统又可分为直接冷却循环水系统和间接冷却循环水系统、敞开式循环冷却水系统和密闭式循环冷却水系统。直接冷却循环水系统是冷却水与被冷却的物料直接接触的循环冷却水系统，间接冷却循环水系统是冷却水通过热交换设备与被冷却物料隔开的循环冷却水系统；敞开式循环冷却水系统是冷却水与空气直接接触冷却的循环冷却水系统，密闭式循环冷却水系统是冷却水不与空气直接接触冷却的循环冷却水系统。

由于水中含有钙、镁等离子和其他物质，循环过程中会浓缩而使其含量增加，因此循环冷却水系统需要经常排污。

由于水的蒸发、吹散等损失和排污，循环冷却水系统中的水量会越来越少。为维持循环冷却水系统的正常运行，就需要经常向其补充水，称为补充水量。

循环冷却水的蒸发损失量与其温度有关，所冷却的设备对散失热量和冷却强度也有一定要求，冷却水的进出口温度和温差也应在一定范围内。

冷却水水质应保证运行时管道不结垢，对其水质也有相应的要求。

循环冷却水系统补充水量及其进出口水质水温需要进行测试。

（二）软化水、除盐水系统进出口的水量（输入水量、输出水量、排水量）和水质

软化水、除盐水的制备需要消耗一定的水量。

软化水系统基本是软化水处理（制备）系统，钠离子交换器采用离子交换原理，去除水中的钙、镁等结垢离子到一定程度；除盐水是去除水中阴、阳离子至一定程度的水，利用各种水处理工艺，除去悬浮物、胶体和无机的阳离子、阴离子等水中杂质，制备除盐水的系统，称为除盐水系统。除盐水并不意味着水中盐类被全部去除干净，由于技术方面的原因以及制水成本上的考虑，根据不同用途，允许除盐水含有微量杂质。

软化水、除盐水系统的任务就是改变水质，来水水质（进口水质）和出水水质（出口水质）都要测试，以检查水处理的效率；输入水量、输出水量（输出成品水量）和排水量（输出废水量）构成输入与输出的平衡，是不是平衡，需要测试这三个水量。

（三）锅炉系统进出口的水量（补充水量、排水量、冷凝水回用量）、水质和水温

锅炉系统可以细分为汽水系统和烟风系统，锅炉用水主要是锅炉汽水系统用水。对于锅炉汽水系统，蒸汽冷凝水回用时构成水的循环，但由于排污和各种损失需要补充水量。锅炉补充水量和冷凝水回用量构成水的输入项，蒸发量和排水量构成水的输出项。当蒸汽冷凝水（水蒸气经冷却后凝结而成的水）锅炉不回用时，输入水量就全部由补充水量构成，此时的输入水量很大。热水锅炉一般都是循环的，也有一些不循环，此时也需要测试锅炉的输入输出水量。

锅炉的水质对锅炉的寿命和锅炉的安全运行都有影响，锅炉进口水温也是重要参数，两者也要测试。

（四）废水处理系统进出口的水量（输入水量、外排水量、回用水量）和水质

工业污水是生产过程和生产活动中使用过、且被污染的水的总称；工业废水是生产过程中使用过，在质量上已不符合生产工艺要求，对该过程无进一步利用价值的水。

废水的种类和性质非常复杂，处理的目的要求也各不相同，往往需要将几种处理方法（或称单元技术）组合起来，并合理地配置其主次关系和前后顺序，使之构成一个有机的整体，才能最有效、最经济地实现处理任务。这种由几种单元过程合理组合成的整体，称为废水处理系统。

废水处理出水一是达标排放，二是回用，这两种出路都需要达到一定的水质。

废水处理系统的输入水量大部分是废水，也需要一些新水。外排水量和回用水量构成输出水量的主体，另有蒸发损失、污泥带出水量等。

水质改善是废水处理系统的目的。

废水处理系统的测试内容是输入水量、外排水量、回用水量和水质。

（五）工艺用水系统进出口的水量（输入水量、输出水量）和水质

除冷却水系统外，企业还有很多工艺用水系统。有些工艺用水只有输入水量，如产品用水；有些工艺用水则有输出水量，如抑尘用水。

工艺用水水质要求不同，如产品用水水质要求随着产品的变化而变化，食品用水要求很高，而一般作为普通黏合剂用水水质要求很低。

工艺用水系统的输入水量、输出水量、水质都要测试。

（六）其他用水单元进出口的水量（输入水量、输出水量）和水质

企业除上述五种用水系统外，可能还有其他的用水单元，如实验室用水、生活用水等。这些系统都有输入水量和输出数量，其水质也不相同。对水量水质等参数，都要测试。

值得注意的是，一个工业企业可能有很多工艺用水系统、循环冷却水系统、锅炉用水系统。这些系统既是天然形成的，也是人为划分的，其划分要适当，不要划分得太粗，其数据说明不了问题，也不要划分得太细，使测试工作量过大，也没有什么意义。用水系统的划分，要结合企业实际，能把企业用水分析清楚就可以了。

第六章　分析评价

在信息收集基础上，根据现场验证、现场调查和现场测试的结果，进一步补充、验证、修正已有数据，进行工艺用水分析、系统用水分析（包括水平衡分析、水质符合性分析、用水系统（用水设备）分析和用水效率分析)，并提出节水方案。

第一节　工艺用水分析

工艺用水分析包括是否存在国家明令淘汰的生产工艺、是否存在国家明令淘汰的高耗水工艺、技术和装备，是否采用国家鼓励的节水工艺、已采取的节水技术和措施、节水技术改进方向等内容。

一、是否存在国家明令淘汰的生产工艺

生产工艺是指企业制造产品的总体流程的方法，包括工艺过程、工艺参数和工艺配方等。生产工艺是指规定为生产一定数量成品所需起始原料和包装材料的质量、数量，以及工艺、加工说明、注意事项，包括生产过程中控制的一个或一套文件，是指生产加工的方法和技术。先进的生产工艺是生产优质产品、提高经济效益的基础保证。

生产工艺，包括主要生产工艺和辅助生产工艺，都与用水量有很大关系。

生产工艺本身，直接决定了其用水情况。同一种产品可以有不同的生产工艺，也有不同的辅助生产工艺。有用水的生产工艺，也有不用水的无水生产工艺；有用水量大的生产工艺，也有用水量小的生产工艺。如冷却方式有水冷却、汽化冷却和空气冷却，水冷却又有直接水冷却和间接水冷却，间接水冷却又有直流冷却和循环水冷却，循环水冷却又有密闭式循环水冷却和敞开式循环水冷却等。

关于生产工艺，从20世纪开始，国家就出台了很多相关的落后工艺淘汰目录。

（一）国务院关于进一步加强淘汰落后产能工作的通知

2010年，国务院以国发〔2010〕7号文件发布了《国务院关于进一步加强淘汰落后产能工作的通知》，提出了各行业淘汰的标准。具体如下：

焦炭行业淘汰炭化室高度4.3m以下的小机焦（3.2m及以上捣固焦炉除外）；铁合金行业淘汰6300kV·A以下矿热炉；电石行业淘汰6300kV·A以下矿热炉；钢铁行业淘汰400m^{3}及以下炼铁高炉，30t及以下炼钢转炉、电炉；有色金属行业淘汰100kA及以下电解铝小预焙槽，密闭鼓风炉、电炉、反射炉炼铜工艺及设备，采用烧结锅、烧结盘、简易高炉等落后方式炼铅工艺及设备，未配套建设制酸及尾气吸收系统的烧结机炼铅工艺，采用马弗炉、马槽炉、横罐、小竖罐（单日单罐产量8t以下）等进行焙烧，采用简易冷凝设施进行收尘等落后方式炼锌或生产氧化锌制品的生产工艺及设备；建材行业淘汰窑径3.0m以下水泥机械化立窑生产线，窑径2.5m以下水泥干法中空窑（生产高铝水泥的除外），水泥湿法窑生产线（主要用于处理污泥、电石渣等的除外），直径3.0m以下的水泥磨机（生产特种水泥的除外）以及水泥土（蛋）窑，普通立窑等落后水泥产能，平拉工艺平板玻璃生产线（含格法）等落后平板玻璃产能；轻工业淘汰年产34kt以下草浆生产装置，年产17kt以下化学制浆生产线，以废纸为原料、年产10kt以下的造纸生产线，落后酒精生产工艺及年产30kt以下的酒精生产企业（废糖蜜制酒精除外），年产30kt以下味精生产装置，环保不达标的柠檬酸生产装置，年加工30000标张以下的制革生产线；纺织行业淘汰74型染整生产线、使用年限超过15年的前处理设备、浴比大于1∶10的间歇式染色设备，落后型号的印花机、热熔染色机、热风布铗拉幅机、定形机，高能耗、高水耗的落后生产工艺设备，R531型酸性老式粘胶纺丝机，年产20kt以下粘胶生产线，湿法及DMF溶剂法氨纶生产工艺，DMF溶剂法腈纶生产工艺，涤纶长丝锭轴长900mm以下的半自动卷绕设备，间歇法聚酯设备等落后化纤产能。

（二）部分工业行业淘汰落后生产工艺装备和产品指导目录（2010年本）

工业和信息化部2010年以工产业〔2010〕第122号公告发布了《部分工业行业淘汰落后生产工艺装备和产品指导目录（2010年本）》，提出了钢铁、有色金属、化工、建材、机械、轻工、纺织和医药等8个行业502项落后生产工艺和设备，其中钢铁行业54项、有色金属行业35项、化工行业

101 项、建材行业 48 项、机械行业 107 项、轻工行业 107 项、纺织行业 35 项、医药行业 15 项。

（三）产业结构调整指导目录

国家发展和改革委员会 2005 年发布了《产业结构调整指导目录》，2011 年修改形成了《产业结构调整指导目录》（2011 年本）；2013 年对有关条目进行了调整，形成了《产业结构调整指导目录》（2011 年本）（修正）；2016 年 3 月 25 日，第 36 号中华人民共和国国家发展和改革委员会令发布，根据镀金产业发展实际，经研究决定，停止执行《国家发展改革委关于修改〈产业结构调整指导目录（2011 年本）〉有关条款的决定》（第 21 号令）第三十五条关于 2014 年底前淘汰氰化金钾电镀金及氰化亚金钾镀金工艺的规定，决定自公布之日起 30 日后施行，《国家发展改革委关于暂缓执行 2014 年底淘汰氰化金钾电镀金及氰化亚金钾镀金工艺规定的通知》（发改产业〔2013〕1850 号）同时废止。

《产业结构调整指导目录》将各产业工艺、设备分为鼓励类、限制类和淘汰类，新上项目须不属于限制类和淘汰类，属于鼓励类最好；限制类现有企业可以继续使用生产，但不能新上，包括改建、扩建；淘汰类需要按期淘汰。未列入目录的工艺、设备和产品，属于“允许类”，现有的可以继续生产，新上项目也可以采用。

（四）淘汰落后安全技术工艺、设备目录（2016 年）

2016 年，国家安全监管总局以安监总科技〔2016〕137 号文件印发了《淘汰落后安全技术工艺、设备目录（2016 年）》，对涉及安全生产的工艺、设备做出了规定。

（五）淘汰落后生产能力、工艺和产品的目录

原国家经济贸易委员会 1999 年在不同年份发布了几批《淘汰落后生产能力、工艺和产品的目录》。

此外，各省（直辖市、自治区）也有地方淘汰目录，应根据所在地区选用。

二、是否存在国家明令淘汰的高耗水工艺、技术和装备

一些行业的高耗水工艺、技术和装备，国家已明令淘汰。

（一）钢铁行业

（1）冷却循环水系统管式喷淋冷却装备，为冷却水处理工艺设备，冷却水经大水池配套的管式喷淋冷却装备冷却后循环使用，用于冷却循环水处理。这种装备冷却效果差，水损失大，可由冷却塔冷却工艺替代。

（2）冷却循环水系统重力式无阀过滤器，用于循环用水系统的旁通过滤净化处理，属于冷却循环水处理设备。这种设备反冲洗较难控制，反冲洗的排水量大，可由高速过滤器替代。

（3）轧钢加热炉炉底梁水冷技术，用于轧钢加热炉，采用水冷方式冷却轧钢加热炉炉底梁。这种技术用水量大，可由汽化冷却技术替代。

（4）焦炉传统湿熄焦工艺，包括带喷淋水装置的熄焦塔、熄焦泵房，是将炽热红焦送熄焦塔用水熄焦，用于焦炉熄焦。这种工艺大量耗水，废水治理难度大、成本高，且红焦显热不能回收，可由干熄焦和低水湿熄焦等新型工艺替代。

（5）转炉烟气传统 OG 法除尘工艺，包括转炉冶炼一次烟气采用溢流文氏管、RD 文氏管、脱水器等装置除尘净化，用于转炉一次烟气净化。这种工艺水消耗高、外排烟气达不到排放新标准，可由干法、改良 OG 法工艺替代。

（6）高炉煤气湿法除尘工艺，是高炉煤气经重力除尘器、快速冷却塔、RD 型文氏管，再经灰泥捕集器、减压阀组、旋流板脱水器处理净化，用于高炉煤气净化。这种工艺水耗高，可由干法工艺替代。

（二）纺织行业

（1）绳状染色机，使被染织物以绳状并形成头尾相接的布环，通过一椭圆管牵引运行完成浸染过程，用于织物染色、前处理及水洗。这种机型浴比在 1∶15 以上，用水量大，可由小浴比罐式溢喷染色机替代。

（2）箱式绞纱染色机，使染液充满整个箱体，并通过轴流泵正、反循环与绞纱交换，完成染料对绞纱纤维的上染，用于绞纱染色及水洗。这种机型属于间歇式染色，染色浴比 1∶12 以上，可以采用筒子染色，以毛条形式进行浸染。

（3）喷射绞纱染色机，是绞纱悬挂在可正、反转的喷射管上，染液与绞纱通过一定交换次数完成染色过程，用于绞纱染色及水洗。这种机型染色浴比在 1∶10 以上，用水量大，染色技术落后，设备效能低，可由筒子纱染色机替代。

(4) 74 型退煮漂联合机，是由浸轧、汽蒸及水洗等主要单元所组成的联合机，用于织物平幅退浆、煮练及漂白。这种联合机属于敞开式，蒸汽逸散，耗水量大，可采用封闭改造。

(5) 敞开式平洗槽，使织物平幅经上、下导布辊回形穿过液相和气相，液相直接或间歇式蒸汽加热，用于织物平幅洗涤。这种装置气相敞开造成蒸汽逸出，耗水量大，可采用封闭式平洗槽替代。

(6) 1∶10 以上的管式高温高压溢喷染色机，使被染织物以绳状并形成头尾相接的布环，通过提布辊、喷嘴牵引循环完成织物浸染，织物染色、前处理及水洗。这类机型染棉织物的耗水量基本上都在 $120m^3/t$ 布以上，可由小浴比罐式溢喷染色机替代。

(三) 造纸行业

(1) 槽式洗浆机，是洗浆、漂白、脱墨工段用于漂白后浆料、废纸脱墨后浆料及其他浆料的洗涤的设备。这种设备吨浆耗水量为 $50 \sim 100m^3$，生产能力低，耗水量大，效率低，可由真空洗浆机替代。

(2) 地池浆制浆工艺（宣纸除外），是制浆工段造纸原料及碱性化学品在地池内混合、浸泡的生产工艺。这种工艺混合浸泡时间在 24h 以上，生产环境差、产品质量低、用水量大，可由立锅间歇或连续蒸煮替代。

(3) 侧压浓缩机，是洗涤、浓缩工序浓缩纸浆的一种设备，进口浓度为 2%~3%，出口浓度低，为 4%~6%。这种设备耗水量大且生产效率低，可由真空洗浆机替代。

(四) 建材行业

水泥湿法窑，是将石灰石、黏土等原料加水做成泥浆，经充分搅拌后，再进入回转窑进行煅烧，用于水泥生产。这种工艺耗水量大，水分蒸发又大量耗能，可采用新型干法窑替代。

三、是否采用国家鼓励的节水工艺、技术和装备

2014 年和 2016 年，工业和信息化部、水利部、全国节约用水办公室为贯彻落实最严格水资源管理制度，推广先进适用节水工艺、技术和装备，推动提升工业用水效率，促进生态文明建设，编制完成了两批《国家鼓励的工业节水工艺、技术和装备目录》，并予以公告。

《国家鼓励的工业节水工艺、技术和装备目录》包括工艺技术名称、工艺技术内容、推广前景、来源及应用方和应用实例。

第一批共91项，涵盖钢铁行业、电力行业、石化行业、化工行业、有色金属行业、纺织印染行业、造纸行业、食品发酵行业、蓄电池行业、皮革行业、机械行业和建材行业。

共性通用技术有电吸附再生水脱盐装置、反渗透海水淡化技术、余能低温多效海水淡化技术、新型高浓缩倍率循环水处理技术、反渗透浓缩液电解回收技术、利用低温热源的LTE-ZLD高含盐废水回用技术、太阳能光热低温多效海水淡化技术和冷却塔水蒸气回收技术等8项。钢铁行业有焦化废水膜处理回用集成技术、焦化废水微波处理同用集成技术、焦化废水芬顿氧化处理回用技术、城市再生水和钢铁工业废水联合再生回用集成技术、钢铁综合污水再生回用集成技术、多功能电化学水处理器水质稳定技术、转炉烟气干法除尘技术、焦化酚氰废水电气浮再生回用集成技术、钢铁废水再生回用集成新技术、直立炉低水分熄焦装置、半焦废水湿式催化氧化再生回用集成技术等11项，其中钢铁综合污水再生回用集成技术有两种不同的技术，有两个应用实例。电力行业有直接空冷技术、表面式间接空冷技术、城市再生水再利用技术、循环水泵运行方式调节技术、循环冷却排污水再生技术、循环冷却水系统加酸处理技术、空冷机组工业取水处理技术、循环水余热利用技术、底渣水系统闭式循环改造技术和水务在线管理技术等10项。石化行业有SFXZ系列洗井水处理技术、ZYEM高效生物菌剂石化含油污水处理技术、石化污水气浮生化过滤再生回用成套技术、炼油污水集成再生回用技术、钛白粉废水多级吸附及脱盐再生回用技术、全高钛渣钛白粉生产水洗工艺技术、油田采出水深度处理回用注汽锅炉技术、两段法陶瓷超滤冷凝水回用技术、“三法净水”污水回用技术、凝结水活性分子膜超微过滤组合多官能团纤维吸附技术、炼油废水COBR深度处理及电渗析脱盐组合工艺、石化节水减排成套集成工艺、油田回注水陶瓷过滤技术、石油开采污水分子筛处理技术、超疏水高亲油海绵体石化含油污水过滤技术和聚合物驱含油污水处理及回用技术等16项。化工行业有聚氯乙烯母液废水零排放集成技术、高盐化工废水资源化膜集成技术、蒸发式冷却（凝）器装置、氯碱生产无机污水回用技术、生物氧化法聚氯乙烯离心母液回用技术、MDI废盐水回用技术、双膜法聚氯乙烯离心母液回用技术、煤化工废水处理及回用集成技术和化工废水制水煤浆工艺集成技术等9项。有色金属行业有塌陷区尾砂干式排放工艺技术、镍钴富集物精炼节水工艺技术和有色重金属废水双膜法再生回用集成技术等3项。纺织印染行业有超低浴比高温高压纱线染色机、数码喷墨印花节水工艺、基于在线检测的印染联合机数字化管控系统、喷水织机废水处理回用集成技术、缫丝废水加压生化活性炭溶气再生回用节水工艺和干式染料自动配送节水工艺等6项。造纸行业有多圆盘过滤节水技术、纸机湿部化学品混合添加技术和粗浆洗涤和封闭筛选技术等3项。食品发酵行业有再生水冷却水综合利用技术、果糖生产连续离子交换技术、氨基酸废水高效生化再生回用技术、木糖（醇）工艺节水技术、酵母工业高浓度发酵系统节水工艺、发酵有机废水膜生物处理回用技术、液体PET瓶包装节水技术、饮料原水处理的反渗透浓水回收技术、低聚异麦芽糖节水技术、糖厂水循环及废水再生回用技术、谷氨酸双结晶高效提取绿色制造节水工艺、魔芋深加工节水技术、高浓度含糖废水综合利用技术、柠檬酸发酵废水集成膜再生回用技术和酒精沼气双发酵生态耦联节水工艺等15项。蓄电池行业有铅酸蓄电池极板内化成节水工艺、铅酸蓄电池负极板无氧干燥机干燥前浸渍液及浸渍节水工艺和铅酸蓄电池废水再生回用技术等3项。皮革行业有1项，牛皮蓝湿革生产节水工艺；机械行业有乳化液、电镀液过滤再生回用技术和淬火介质空气冷却器装置、板式蒸发空冷器装置等3项；建材行业有2项，玻璃纤维中水回用技术和陶瓷砖新型干法制粉短流程节水工艺。

2016年4月27日公布公告的《国家鼓励的工业节水工艺、技术和装备目录（第二批）》，共有72项节水工艺、技术和装备，包括共性通用技术、石化行业、纺织行业、食品行业、造纸行业和钢铁行业。

共性通用技术有7项，分别是MET微电解循环水处理技术、高温凝结水除铁回收利用技术、工业循环水冷却塔蒸发水汽回收利用技术、含改性多糖类循环水无磷缓蚀阻垢技术、高硬高碱循环水处理技术、水资源监控管理技术和给排水管网检漏技术。石化行业有20项，是这批鼓励目录中最多的行业，鼓励的节水工艺、技术、装备分别为滤池进水自控节水装置、乙二醇冷凝液回收利用技术、水平带式滤碱机节水工艺、浓海水综合利用技术、海水循环利用技术、干法加灰技术、蒸汽冷凝水及低温余热回收技术、氟化工再生水回用技术、离子膜整合树脂塔再生废水回用技术、乙炔清净产生的次氯酸钠废液回用利用技术、聚氯乙烯废水回收利用技术、氯碱企业浓水回收利用技术、石化高盐高COD废水处理回用技术、炼油污水深度处理回用技术、聚氯乙烯再生水回用技术、烧碱蒸发碱性冷凝水回用电解槽技术、水合肼废盐水回收利用技术、烧碱蒸汽冷凝液回收利用集成技术、氯碱纯水站阴阳床再生酸（碱）废水回收利用技术和化工园区高盐废水零排放技术。纺织行业有绿色制溶解浆工程化技术、化学纤维原液染色技术、茶皂素印染前处理技术、高温高压气流染色技术、高温气液染色机、印染生产精确耗水在线测控装置、新型生物酶织物前处理技术、针织物高效绳状连续染色/印花后水洗技术、针织物平幅开幅连续湿处理生产线、MBR+反渗透印染废水回收系统、空调喷水室用高效靶式雾化喷嘴技术、毛针织服装缩毛用水循环装置、毛团及散纤维小浴比染色技术、智能型疏水系统、苎麻生物脱胶技术、涤棉针织物前处理染色高效短流程新工艺、智能高速环保退煮漂联合机、新型纱线连续涂料染色技术和装备、高速导带数码印花机等 19 项，排在第 2 位。食品行业有氨基酸全闭路水循环及深度处理回用技术、含乳饮料工艺节水及循环利用技术、啤酒企业洗瓶机节水技术、糠醛废水闭路循环利用实现零排放技术系统装置、全自动内外循环 PEIC 厌氧反应器、米酒无菌灌装节水工艺和酿酒降温水循环利用技术等 7 项。造纸行业有干法剥皮技术、造纸行业备料洗涤水循环节水技术、多段逆流洗涤封闭筛选技术、纸浆中高浓筛选与漂白技术、置换压榨双辊挤浆机节水技术、碱法蒸煮和碱回收蒸发系统污冷凝水分级汽提及回收技术、纸机白水多圆盘分级及回收技术、网和毯喷淋水净化回用技术、网和毯高压洗涤节水技术、纸机干燥冷凝水综合利用技术、纸机湿部化学品混合添加技术、透平机真空系统节水技术和造纸分级处理梯级利用集成节水技术等 13 项。钢铁行业有 6 项，分别是雨水收集利用技术、海水直接利用技术、加热炉汽化冷却技术、水质分级与串级使用技术、大型高炉密闭循环冷却水技术和炼钢炉外精炼干式真空技术等。

这两批鼓励的节水工艺、技术和装备中，有些是主体生产工艺、技术和装备，有些是辅助生产工艺、技术和装备，有些是同一工艺技术在不同行业的应用，有些工艺、技术和装备也可以应用到其他行业。如雨水收集利用技术、干式真空技术等，在各行业都可应用。

四、已采取的节水技术和措施

工业节水技术是指可提高工业用水效率和效益、减少水损失、可替代常规水资源等的技术，包括直接节水技术和间接节水技术。直接节水技术是指直接节约用水，减少水资源消耗的技术；间接节水技术是指本身不消耗水资源或者不用水，但能促使降低水资源消耗的技术。技术往往是相关联的，很多节水技术也是节能技术、清洁生产技术、环境保护技术、循环经济技术。

工业节水技术和措施分为技术性和管理性两类。技术性措施包括建立和完善循环用水系统，其目的是为了提高工业用水重复率，特别是间接冷却水系统；改革生产工艺和用水工艺，其中主要技术包括，采用省水新工艺，采用无污染或少污染技术，推广新的节水器。管理性技术措施包括减少漏损，采用先进的用水管理方法等。

在水资源紧缺，用水定额适度降低的情况下，企业都采取了一些节水技术措施和管理节水措施。在信息收集、现场验证和调查中，用水审计人员对企业的节水技术和措施近期效果有了直接的了解。这里就是把企业已有的节水技术和措施整理出来，包括节水技术和措施的名称、实施的部位、实施时间、建设期、投资、实际节水效果等。

已采取的给水技术和措施包括已开工建设尚未竣工投入运行的节水技术和措施。

五、节水技术改进方向

结合企业现状及其用水情况，结合企业所属工业行业技术发展，分析节水技术发展趋势，从生产工艺、辅助工艺、用水工艺、用水设备、废水回收利用等方面，分析企业节水技术的改进方向。

分析企业节水技术改进方向时，可参考《中国节水技术政策大纲》和相关行业标准、行业污染防治技术政策等。主要方向是工业用水重复利用、高效冷却节水技术、热力和工艺系统节水技术、洗涤节水技术及给水和废水处理、非常规水资源利用，另外还有快速堵漏修复技术、水计量管理。

（一）工业用水重复利用

工业用水重复利用技术是最重要的节水技术，提高水的重复利用率是工业节水的首要途径。一是大力发展循环用水系统、串联用水系统和回用水系统，推进企业用水网络集成优化技术的开发与应用，优化企业用水网络系统；二是发展和推广蒸汽冷凝水回收再利用技术，优化企业蒸汽冷凝水回收网络，发展闭式回收系统，推广使用蒸汽冷凝水的回收设备和装置，推广漏蒸汽率小、背压度大的节水型疏水器，优化蒸汽冷凝水除铁、除油技术；三是发展外排废水回用和“零排放”技术，企业外排废（污）水处理后回用，大力推广外排废（污）水处理后回用于循环冷却水系统的技术。

（二）高效冷却节水技术

高效冷却节水技术是工业节水的重点，一是发展高效换热技术和设备，推广物料换热节水技术，优化换热流程和换热器组合，发展新型高效换热器；二是发展高效环保节水型冷却塔和其他冷却构筑物，优化循环冷却水系统，推广高效新型旁滤器；三是发展高效循环冷却水处理技术，在敞开式循环间接冷却水系统，推广浓缩倍数大于4的水处理运行技术，开发应用环保型水处理药剂和配方；四是发展空气冷却技术，在缺水以及气候条件适宜的地区推广空气冷却技术，开发运行高效、经济合理的空气冷却技术和设备；五是在加热炉等高温设备推广应用汽化冷却技术，充分利用汽、水分离后的汽。

（三）热力和工艺系统节水

工业生产的热力和工艺系统用水分为锅炉给水、蒸汽、热水、纯水、软化水、除盐水、去离子水等，其用水量居工业用水量的第二位，仅次于冷却用水。节约热力和工艺系统用水是工业节水的重要组成部分。其节水工艺技术一是推广生产工艺（装置内、装置间、工序内、工序间）的热联合技术；二是推广中压产汽设备的给水使用除盐水、低压产汽设备的给水使用软化水，推广使用闭式循环水汽取样装置，研究开发能够实现“零排放”的热水锅炉和蒸汽锅炉水处理技术、锅炉气力排灰渣技术和“零排放”无堵塞湿法脱硫技术；三是发展干式蒸馏、干式汽提、无蒸汽除氧等少用或不用蒸汽的技术，优化蒸汽自动调节系统；四是优化锅炉给水、工艺用水的制备工艺，采用逆流再生、双层床、清洗水回收等技术降低自用水量，研究开发锅炉给水、工艺用水制备新技术、新设备，逐步推广电去离子净水技术。

（四）洗涤用水节水

洗涤用水属于工艺用水，在工业生产过程中洗涤用水分为产品洗涤、装备清洗和环境洗涤用水。洗涤节水工艺技术一是推广逆流漂洗、喷淋洗涤、汽水冲洗、气雾喷洗、高压水洗、振荡水洗、高效转盘等节水技术和设备；二是发展装备节水清洗技术，推广可再循环再利用的清洗剂或多步合一的清洗剂及清洗技术，推广干冰清洗、微生物清洗、喷淋清洗、水汽脉冲清洗、不停车在线清洗等技术；三是发展环境节水洗涤技术，推广使用再生水和具有光催化或空气催化的自清洁涂膜技术；四是推广可以减少用水的各类水洗助剂和相关化学品，开发各类高效环保型清洗剂、微生物清洗剂和高效水洗机，开发研究环保型溶剂、干洗机、离子体清洗等无水洗涤技术和设备。

（五）给水和废水处理节水

给水和废水处理节水工艺技术一是推广使用新型滤料高精度过滤技术、汽水反冲洗技术等降低反洗用水量技术，推广回收利用反洗排水和沉淀池排泥水的技术；二是在废水处理中应用臭氧、紫外线等无二次污染消毒技术，开发和推广超临界水处理、光化学处理、新型生物法、活性炭吸附法、膜法等技术在工业废水处理中的应用。

（六）非常规水资源利用

非常规水资源利用是开源的方法，客观上会减少常规水资源的取水。非常规水资源利用一是发展海水直接利用技术，在沿海地区工业企业大力推广海水直流冷却和海水循环冷却技术；二是积极发展海水和苦咸水淡化处理技术，实施以海水淡化为主，兼顾卤水制盐以及提取其他有用成分相结合的产业链技术，提高海水淡化综合效益，发展海水淡化设备的成套化、系列化、标准化制造技术；三是发展采煤、采油、采矿等矿井水的资源化利用技术，推广矿井水作为矿区工业用水。

（七）快速堵漏修复技术

快速堵漏修复技术是降低输水管网、用水管网、用水设备（器具）的漏损率，是工业节水的一个重要途径。减少泄露一是发展新型输用水管材，发展机械强度高、刚性好、安装方便的水管，发展不泄漏、便于操作和监控、寿命长的阀门和管件；二是优化工业供水压力、液面、水量控制技术，发展便捷、实用的工业水管网和设备（器具）的检漏设备、仪器和技术；三是研究开发管网和设备（器具）的快速堵漏修复技术。

（八）水计量管理

水计量管理是用水管理的重要方面，工业用水的计量、控制是用水统计、管理和节水技术进步的基础工作。加强水计量管理一是为重点用水系统和设备配置计量水表和控制仪表，完善和修订有关的各类设计规范，明确水计量和监控仪表的设计安装及精度要求，重点用水系统和设备逐步完善计算机和自动监控系统；二是企业建立用水和节水计算机管理系统和数据库；三是开发生产新型工业水量计量仪表、限量水表和限时控制、水压控制、水位控制、水位传感控制等控制仪表。

（九）重点节水工艺

节水工艺是指通过改变生产原料、工艺和设备或用水方式，实现少用水或不用水，是更高层次（节水、节能、提高产品质量等）的源头节水技术。主要有：

（1）火力发电、钢铁、电石等工业干式除灰与干式输灰（渣）、高浓度灰渣输送、冲灰水回收利用等节水技术和设备以及冶炼厂干法收尘净化技术。

（2）燃气—蒸汽联合循环发电、洁净煤燃烧发电技术，使用天然气等石化燃料发电等少用水的发电工艺和技术。

（3）钢铁工业熔融还原等非高炉炼铁工艺，薄带连铸工艺，炼焦生产干熄焦或低水分熄焦工艺。

（4）加氢精制工艺。

（5）合成氨生产节水工艺。包括低能耗的脱碳工艺，全低变工艺，NHD脱硫、脱碳的气体净化工艺，以天然气为原料制氨，醇烃化精制及低压低能耗氨合成系统，以重油为原料生产合成氨，干法回收炭黑。

（6）尿素生产节水工艺。包括CO_2和NH_3汽提工艺，水溶液全循环尿素节能节水增产工艺，尿素废液深度水解解吸工艺。

（7）甲醇生产低压合成工艺。

（8）烧碱生产节水工艺。包括离子膜法烧碱，三效逆流蒸发改造传统的顺流蒸发，万吨级三效逆流蒸发装置和高效自然强制循环蒸发器。

（9）纯碱生产节水工艺。包括氨碱法工厂推广真空蒸馏、干法加灰技术。

（10）硫酸生产酸洗净化节水工艺和新型换热设备。

（11）纺织生产节水工艺。包括高效节水型助剂，生物酶处理技术、高效短流程前处理工艺、冷轧堆一步法前处理工艺、染色一浴法新工艺、低水位逆流漂洗工艺和高温高压小浴比液流染色工艺及设备，高温高压气流染色、微悬浮体染整、低温等离子体加工工艺及设备，天然彩棉新型制造技术。

（12）造纸工业化学制浆节水工艺。包括纤维原料洗涤水循环使用工艺系统，低卡伯值蒸煮、漂前氧脱木素处理、封闭式洗筛系统，无元素氯或全无氯漂白，低氯漂白和全无氯漂白，漂白洗浆滤液逆流使用，中浓技术和过程智能化控制技术，提高碱回收黑液多效蒸发站二次蒸汽冷凝水回用率工艺，机械浆、二次纤维浆的制浆水循环使用工艺系统，高效沉淀过滤设备白水回收技术，白水封闭循环工艺，白水回收和中段废水二级生化处理后回用技术和装备。

(13) 食品与发酵工业节水工艺。包括干法、半湿法和湿法制备淀粉取水闭环流程工艺，脱胚玉米粉生产酒精、淀粉生产味精和柠檬酸等发酵产品的取水闭环流程工艺，高浓糖化醪发酵（酒精、啤酒、味精、酵母、柠檬酸等）和高浓母液（味精等）提取工艺，双效以上蒸发器浓缩工艺，啤酒麦汁一段冷却、酒精差压蒸馏装置等。

(14) 油田节水工艺。优化注水技术，减少无效注水量；对特高含水期油田，采取细分层注水、细分层堵水、调剖等技术措施，控制注入水量。油田产出水处理回注工艺，对特低渗透油田的采出水，推广精细处理工艺。注蒸汽开采的稠油油田，推广稠油污水深度处理回用注汽锅炉技术。研发三次采油采出水处理回用工艺技术。推广油气田施工和井下作业节水工艺。

(15) 煤炭生产节水工艺。包括采掘过程有效保水，对围岩破坏小、水流失少的先进采掘工艺和设备，动筛跳汰机等节水选煤设备，干法选煤工艺和设备，大型先进的脱水和煤泥水处理设备。

(16) 水泥窑外分解新型干法生产新工艺。

(17) 工业涂装领域的节水技术。包括逆工序补水法，预喷洗法，热水洗、预脱脂和脱脂工序、磷化的补水不直接补加自来水，长效新型液体表面调整剂替代钛表面调整剂，被处理物带液量减少技术，清洗水净化后循环再生利用。

第二节　水平衡分析

企业水平衡是以企业为考察对象的水量平衡，即该企业各用水单元或系统的输入水量之和应等于输出水量之和。

企业水平衡测试是一种重要的技术手段，水平衡也是企业用水审计的重要内容。通过企业水平衡测试，可以查清企业水量包括取水量、新水量、用水量、循环用水量、串联用水量、回用水量、耗水量、漏失水量、排水量等之间的关系，得出企业用水的各项技术经济指标，查出企业用水的薄弱环节，提出企业节水的方向和措施，提高企业用水效率。

一、水平衡基本图示与水平衡方程

（一）水平衡基本图示

水平衡图是以水的流向表示进入（输入）和排出（输出）生产单元或系统的水量的图，与水的化学成分和物理状态无关。

水平衡基本图示见图 6-1。

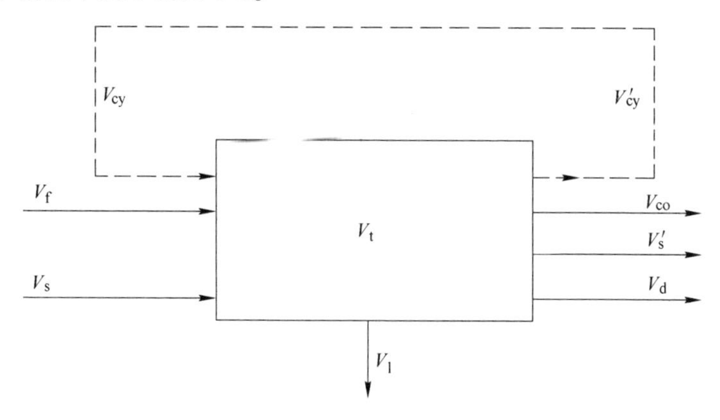

图 6-1 水平衡基本图示

（二）水平衡方程

输入水量表达式：

$$V_f + V_s + V_{cy} = V_t$$

输出水量表达式：

$$V_t = V_{co} + V_d + V_l + V'_{cy} + V'_s$$

输入输出平衡方程式：

$$V_f + V_s + V_{cy} = V_{co} + V_l + V'_{cy} + V'_s$$

式中 V_f——新水量，m^3；

V_s，V'_s——串联水量，m^3；

V_{cy}，V'_{cy}——循环水量，m^3；

V_t——用水量，m^3；

V_{co}——耗水量，m^3；

V_d——排水量，m^3；

V_l——漏失水量，m^3。

（三）水平衡表

企业水平衡表按照国家标准 GB 12452 的规定填写，填写时要注意数据的平衡。二级生产单位、生产工序、主要用水设备（用水装置、用水设施）、循环冷却水系统、废水处理系统和软化水、除盐水制备系统水平衡表也照此填写。

二、水平衡分析的层次

水平衡分析首先要分析企业水平衡，也就是把企业作为一个用水单元或用水系统来分析；其次分析二级生产单位，也就是工序或分厂的水平衡，将其作为一个用水单元或用水系统分析；第三分析主要用水设备（用水装置、用水设施）。软化水、除盐水制备系统和循环冷却水系统、废水处理回用系统要单独分析，必要时可分析主要生产设备的用水部位。

可以根据企业的性质、生产工序的数量、产品的性质、耗水的主要部位，确定水平衡分析的详细程度。

三、分析重点

水平衡分析的重点在于各水量之间的关系，特别要分析漏失水量。

用水过程的用水参数和水量之间有很大关系。循环冷却水进出口温度特别是进出口温差和循环冷却水的水量之间有很相关的关系，由于生产设备需要带出的热量是一定的，温差大了，需要的水量就少，温差小了，需要的水量就多；从敞开式循环冷却水系统的蒸发损失水量来说，相差不大，敞开式循环冷却水系统的吹散水量和循环冷却水量有直接关系。循环水系统的浓缩倍数也和补充新水量直接有关，浓缩倍数高则补充水量少，排污量小；浓缩倍数低则补充水量多，排污量也多。

另外要结合企业生产工艺分析确定需要的水量，系统水量要与理论需要水量基本相当，可以稍有富余，但不能相差太大。过多的新水供应量，意味着水的损耗和浪费。

用水系统各水量之间的关系，决定了用水系统的一些技术经济指标。技术经济指标的分析可以到用水效率分析时一并进行。

第三节　水质符合性分析

对企业进行水质符合性分析主要是两方面：一是各用水单元人口及循环

用水水质应符合产品生产工艺对各项水质指标的要求；二是企业排水水质应符合国家、行业和地方环保部门对废水排放的要求。

一、用水单元入口及循环用水水质

水质是水体质量的简称，标志着水体的物理（如色度、浊度、臭味等）、化学（无机物和有机物的含量）和生物（细菌、微生物、浮游生物、底栖生物）的特性及其组成的状况。

为评价水体质量的状况，规定了一系列水质参数和水质标准。

水的用途不同，对水质的要求不同，制造食品、药品等产品，作为原料进入产品的工艺用水和冷却水用水的水质要求不可能一样，高炉冲渣水、除尘用水和生产设备的洗涤用水水质要求也不会一样，即使同是蒸汽锅炉，由于额定蒸汽压力、额定蒸汽温度的不同，对给水水质的要求也不同。根据用水单元的不同、用水种类的不同、水用途的不同，对各种用水的水质都有不同的控制标准，这些水要进行水质分析来确定能否达到要求。

循环用水在经过使用后，水质有没有变化，能不能满足继续使用的要求，要通过水质测试来确定。

GB/T 1576—2008《工业锅炉水质》规定了工业锅炉运行时的水质标准，适用于额定出口蒸汽压力小于 3.8MPa、以水为介质的固定式蒸汽锅炉和汽水两用锅炉，也适用于以水为介质的固定式承压热水锅炉和常压热水锅炉，不适用于铝材制造的锅炉。标准规定了采用锅外水处理的自然循环蒸汽锅炉和汽水两用锅炉水质、热水锅炉水质、贯流和直流蒸汽锅炉水质、余热锅炉水质、补给水水质、回水水质等，并区分了采用锅外水处理和单纯采用锅内加药处理两种情况。这些指标区分给水和锅水，其中一些指标还区分蒸汽锅炉是否有过热器。

GB/T 50050—2017《工业循环冷却水处理设计规范》、GB 50648—2011《化学工业循环冷却水系统设计规范》对循环冷却水的水质也作出了规定。

各企业对各用水系统的用水也有具体的要求。将具体的水质参数与要求对比，可以确定其是否满足用水要求。

二、企业排水水质

1996 年，国家修订发布了 GB 8978—1996《污水综合排放标准》，代替 GB 8978—88。之后，又陆续制订、修订了一些工业物业水污染物排放标准，有些是行业各种污染物其中包括水污染物的排放标准。这些标准和 1996 年

GB 8978 修订之前发布且一直未修订的标准有：

GB 31570—2015 石油炼制工业污染物排放标准；

GB 31574—2015 再生铜、铝、铅、锌工业污染物排放标准；

GB 31572—2015 合成树脂工业污染物排放标准；

GB 31573—2015 无机化学工业污染物排放标准；

GB 30484—2013 电池工业污染物排放标准；

GB 30486—2013 制革及毛皮加工工业水污染物排放标准；

GB 13458—2013 合成氨工业水污染物排放标准；

GB 19430—2013 柠檬酸工业水污染物排放标准；

GB 28938—2012 麻纺工业水污染物排放标准；

GB 28937-2012 毛纺工业水污染物排放标准；

GB 28936—2012 缫丝工业水污染物排放标准；

GB 4287—2012 纺织染整工业水污染物排放标准；

GB 16171—2012 炼焦化学工业污染物排放标准；

GB 28666—2012 铁合金工业污染物排放标准；

GB 13456—2012 钢铁工业水污染物排放标准；

GB 28661—2012 铁矿采选工业污染物排放标准；

GB 27632—2011 橡胶制品工业污染物排放标准；

GB 27631—2011 发酵酒精和白酒工业水污染物排放标准；

GB 26877—2011 汽车维修业水污染物排放标准；

GB 14470. 3—2011 弹药装药行业水污染物排放标准；

GB 26452—2011 钒工业污染物排放标准；

GB 15580—2011 磷肥工业水污染物排放标准；

GB 26132—2010 硫酸工业污染物排放标准；

GB 26451—2011 稀土工业污染物排放标准；

GB 26131—2010 硝酸工业污染物排放标准；

GB 25468—2010 镁、钛工业污染物排放标准；

GB 25467—2010 铜、镍、钴工业污染物排放标准；

GB 25466—2010 铅、锌工业污染物排放标准；

GB 3544—2008 制浆造纸工业水污染物排放标准；

GB 21523—2008 杂环类农药工业水污染物排放标准；

GB 20426—2006 煤炭工业污染物排放标准；

GB 20425—2006 皂素工业水污染物排放标准；

GB 19821—2005 啤酒工业污染物排放标准；

GB 19431—2004 味精工业污染物排放标准；

GB 14470. 1—2002 兵器工业水污染物排放标准 火炸药；

GB 14470. 2—2002 兵器工业水污染物排放标准 火工药剂；

GB 14470. 3—2002 兵器工业水污染物排放标准 弹药装药；

GB 15581—95 烧碱、聚氯乙烯工业水污染物排放标准；

GB 14374—93 航天推进剂水污染物排放与分析方法标准；

GB 4286—84 船舶工业污染物排放标准。

为了减少水污染物的排放，各行业、各地方也发布了一些水污染物排放标准，根据环保类标准制修订规定，地方标准均严于行业标准和国家标准，行业标准严于国家标准；在执行上，有地方标准的首先执行地方标准，其次执行行业标准，没有地方标准和行业标准的，执行国家标准，地方标准、行业标准、国家标准不能同时执行，不能交叉执行。

不同的工业行业，水污染物的特征物不同，所以各标准规定控制的水污染物也不相同。

现在有些企业已实现了废水零排放，不再向水环境排放污水。对这些企业，就没有必要分析其排水水质的符合性了。

第四节　用水设备（用水系统）分析

企业用水设备（用水系统）分析，一是分析用水设备（用水系统）的水源选择与利用情况，按照水源类型分别说明给水压力及主要用途，如有非常规水源应说明利用非常规水源的论证分析情况和相关水质检测情况；二是分析冷却水系统、锅炉系统、工艺用水系统等主要用水设备（用水系统）配置和运行情况，分析主要用水设备（用水系统）的选型合理性；三是对不同用水设备（用水系统）进行分类汇总，分析评价其用水效率，明确节水器具及设备的采用情况和比例；四是核实系统中是否存在国家明令淘汰的设备。

一、水源选择

水源是水的来源。企业取水水源和用水设备、用水系统的水源是两个范畴的概念。

（一）企业水源的选择合理性

从用水上也可以把企业作为一个大的用水单元。

企业选择水源时，必须综合考虑水量、水质、技术经济和水资源整体情况。

1. 水量充足

选择水源时，水源的水量要能满足企业生产及生产生活（企业内生活）的需要，并考虑到近期和远期的发展。天然水源的水量，可通过水文学和水文地质学的调查勘察来了解；选用地表水时，一般要求95%保证率的枯水流量大于总用水量。

2. 水质良好

水源原始水质或经处理后要能满足生产要求，其中部分水源要满足生产生活（企业内生活）的要求。

对于特殊企业，如生产食品、药品的企业，水源水质要符合其要求，这些企业有部分水是进入产品的，作为产品的组成部分，作为原水，要具备一定的条件。一般可优先选用地下水。

3. 技术经济

合理选择水源时，在分析比较各个水源的水量、水质后，可进一步结合水源水质和取水、净化、输水等具体条件，考虑基本建设投资费用最小的方案。

4. 当地水资源条件

对于丰水地区，水源选择可主要考虑以上几项。对于缺水地区，则要考虑水源的优先顺序，首先要选择非常规水资源，选择再生水、海水、苦咸水等，其次选择地表水，最后才选择地下水。

（二）用水设备水源的选择

用水设备可视为一个用水单元，但一个用水设备用水种类可能不止一种，涉及不同的用水系统。如钢铁联合企业的高炉，既有炉体、设备冷却水，又有冲渣用工艺水，冷却水有冷却水的水质、水温要求，冲渣水的水质、水温要求则相对很低；炼钢转炉用水则更为复杂，既有氧枪冷却水，又有设备冷却水，既有烟道汽化冷却用水，又有烟气净化系统用水，各种用水的水质、水量、水温要求都不一样。

用水设备水源选择，既要考虑设备用水的要求，又要考虑企业水系统的集成优化，以提高水的重复利用率，降低单位产品新水消耗。

1. 水质

由于设备用水对水质的要求不同，选择设备水源时首先要看水质是否满足要求，看企业内满足水质要求的水是否还有富余，是否有足够的数量供其使用。如果符合水质的水源没有或水量不足，能否用水质较接近的水处理好满足其要求。

设备用水首先选择串联用水，其次回用水，在两者水质都不能满足要求的情况下才选择新水。直接使用城市再生水时，对城市再生水应有水量水质的论证分析，对水质及时进行检测。

在为设备配备水源时，要按照对水质的要求梯次配备。

2. 水温

一些设备对水的温度要求较高，特别是一些化工、制药设备，要保证在一定的温度下反应，水经常被用来做调节温度的介质。除了水自身的温度水平，有些需要通过制冷降低水温，有些需要通过加热提高水温。

3. 水量

所选水源的水量要满足设备的需要，不足的可用其他符合水质、水温要求的水补充，仍有不足时，使用新水补充。

4. 压力

选择设备水源时，对水管网压力的匹配性要进行充分考虑。

5. 集成优化

按照集成优化原则，对水系统进行集成优化配置。

二、配置和运行情况

配置即配备布置，冷却水系统、锅炉系统、工艺用水系统等主要用水设备（用水系统）都要有相应的配置；运行就是周而复始地运转，各种用水设备、用水系统只有周而复始地运转，工业企业才可能正常生产。

用水审计中，要分析冷却水系统、锅炉系统、工艺用水系统等主要用水设备（用水系统）配置和运行情况，分析主要用水设备（用水系统）的选型合理性。

用水设备（用水系统）的选型合理性一般应从用水设备（系统）所要完成的工作任务与用水量、水压、水质等的要求进行比较分析，还应注意输水管径等参数。

（一）冷却水系统

冷却水系统分为直流冷却水系统和循环冷却水系统。直流冷却水系统是冷却水经一次使用后，直接排放的用水系统；循环冷却水系统是冷却水循环用于同一过程的用水系统。

1. 直流冷却水系统

在丰水地区或靠近湖泊、水库的企业，特别是火力发电企业，以前经常采用直流冷却方式；滨海一些使用海水做冷却水的企业，也采用直流冷却方式。

在发电厂直流冷却水系统中，凝汽器往往处于系统的最高位置，凝汽器排水管从凝汽器出口引出后迅速降到较低点，使得凝汽器出口成为系统的驼峰点，凝汽器出口位置与其排水管出口水平位置高差一般在 10 m 左右，在正常运行时，为使凝汽器出口维持比较稳定的压力，系统中一般设置有虹吸井。虹吸井在系统中的作用主要是使系统中处于最高位置的凝汽器及其出口位置内水压力始终保持为负值，以减少循环水泵的出力，降低厂用电量；保证凝汽器循环水的虹吸作用不被破坏，尤其是当系统发生水力过渡过程时，利用虹吸井中提供的水位和水量，使凝汽器排水管产生倒流虹吸作用，减缓凝汽器出口压力的下降幅度，防止因水锤作用出现过大的负压，进而避免发生水柱分离。虹吸井在系统中一般布置在凝汽器排水管出口附近 。

在直流冷却水系统中，当虹吸井的井体截面面积及溢流堰顶高程确定时，虹吸井在系统中的布置位置将对系统运行的安全性产生较大影响。

若虹吸井距凝汽器较近，当系统发生水力过渡过程时，凝汽器出口压力迅速降低，虹吸井内的水体在大气压的作用下将沿凝汽器排水管迅速倒流以维持凝汽器出口压力的稳定，不至于出现过大的负压。当虹吸井的布置位置距离凝汽器较远时，若系统在一定条件下出现水力过渡过程，由于凝汽器排水管后压力管道（或沟道）较长，管内水量多、惯性大，水体在短时间内无法停止运动并倒流，虹吸井内的水无法迅速回流至凝汽器以补充其对水量的需要，使得虹吸井失去了其应有的作用，无法平衡凝汽器出口的压力，不能满足平衡凝汽器出口处水锤负压力的要求。因此，会出现凝汽器出口较为严重的负压水锤现象，甚至发生水柱分离 。

凝汽器出口位置作为直流循环水系统的驼峰点，在系统出现水力过渡过程时，极易出现较大的负压力，尤其是负压过大可能出现的水柱分离现象对系统造成的危害将大大超过系统最大正压力。虹吸井在系统中最重要的作用应该保证凝汽器出口在任何工况下均不出现水柱分离现象。

使用直流冷却水系统时，应配置相应的过滤装置和防生物装置。

2. 循环冷却水系统

（1）敞开式和封闭式循环水冷却系统。

冷却设备有敞开式和封闭式之分，因而循环冷却水系统也分为敞开式和封闭式两类。

敞开式循环冷却水系统冷却设备有冷却池和冷却塔两类，都主要依靠水的蒸发降低水温。冷却塔常用风机促进蒸发，冷却水吹损较多，敞开式循环冷却水系统必须补给新鲜水。由于蒸发，使得循环水浓缩，浓缩过程将促进盐分结垢，补充水流量常根据循环水浓度限值确定。通常补充水量超过蒸发与风吹的损失水量，必须排放一些循环水（称排污水）以维持水量的平衡。在敞开式系统中，因水流与大气接触，灰尘、微生物等进入循环水，二氧化碳的逸散和换热设备中物料的泄漏，也改变循环水的水质。因此，循环冷却水常需处理，包括沉积物控制、腐蚀控制和微生物控制。处理方法的确定常与补给水的水量和水质相关，与生产设备的性能也有关，一般配置加药装置。

封闭式循环冷却水系统采用封闭式冷却设备，循环水在管中流动，管外通常用风散热。除换热设备的物料泄漏外，没有其他因素改变循环水的水质。为了防止在换热设备中造成盐垢，软化水密闭循环冷却是最常用的。

循环冷却水系统主要由冷却设备、水泵和管道组成。如敞开式循环冷却水系统，主要组成部分为冷却塔、生产设备（换热器）、加压系统（循环水泵）、旁滤系统（压力过滤器）、循环水池、加药装置和监控系统，监控系统监视管路中介质流量大小，当管路因堵塞等因素造成的管内流量过低或者过高时，可以及时向控制系统发出下线报警点（流量过低时）或者上线报警点（流量过高时）提供开关量信号，称之为流量报警开关。

循环冷却水系统运行中应控制水温和浓缩倍数。

（2）循环冷却水系统的配置。

循环冷却水系统配置应根据系统冷却方式、全厂水量平衡、水源水量及水质、材质及运行条件等因素，全面考虑腐蚀、结垢、菌藻及水生物的滋生因素，选用节水效率高、环境友好、使用安全的水处理技术和水处理药剂。

循环冷却水系统配置应满足推广先进的工业节水技术，提高水的重复利用率的要求；应发展高效循环冷却水处理技术，在保证系统安全、节能的前提下，提高循环冷却水的浓缩倍数；循环冷却水系统应选择技术先进、能耗低、自用水耗少的水处理设备。

循环冷却水系统应满足保护环境的要求，应采用高效、低毒、化学稳定性好的水处理药剂，并优先使用可生物降解性水处理药剂，严格限制使用有毒、有害的水处理药剂；采用具有先进技术的绿色化学药剂、信息自动化的监控技术及节水设备等新技术。

（二）锅炉用水系统

1. 锅炉水循环系统

锅炉运行时，水和汽水混合物在闭合的回路中持续而有规律地循环流动，受热面从火焰和高温烟气中吸收的热量，不断地被流动的水或汽水混合物带走，保证受热面金属得到冷却，这就叫锅炉水循环。正常的水循环可以保证锅炉蒸发受热面及时可靠地冷却，是锅炉安全运行的基本条件之一。

锅炉的水循环分为自然循环和强制循环两种。自然循环是依靠热水部分汽水混合物的密度小于不受热部分水的密度，从而形成压力差（流动压头），促进锅水流动。强制循环是利用水泵的推动作用，强迫锅水流动。

一般蒸汽锅炉普遍采用自然循环；对于热水锅炉，采暖系统几乎都采用强制循环，在锅炉中两种循环方法均可采用。

2. 锅炉给水系统

锅炉给水系统指从除氧器将处理好的水通过给水泵输送到锅炉的系统。电厂锅炉系统有专门的锅炉给水系统，一般集合在集控中心。氧是给水系统和锅炉的主要腐蚀物质，给水中的氧应当迅速得到清除，否则会腐蚀锅炉的给水系统的部件，腐蚀物——氧化铁会进入锅内，沉积或附着在锅炉管壁和受热面上，形成难融传热不良的铁垢，而且腐蚀会造成管道内壁出现点坑，阻力系数增大。

管道腐蚀严重时，甚至会发生管道爆炸事故。国家规定蒸发量不小于2t/h的蒸汽锅炉和水温不低于95℃的热水锅炉都必须除氧。

3. 给水处理系统

锅炉给水处理有三个作用，即防止蒸汽夹带（蒸汽锅炉）、结垢和腐蚀。

蒸汽夹带指的是由于锅炉设计问题或炉水发泡而使蒸汽中夹带了炉水，会使蒸汽质量变坏，锅炉能力下降。蒸汽夹带在任何情况下都是不允许的，如果炉水已经加入化学药剂处理，夹带仍然得不到抑制，这种蒸汽送入厨房使用可能导致人身事故。通过分析其冷凝液即可弄清蒸汽夹带情况。

结垢会造成能耗增加，严重时会发生事故。碳酸钙的沉淀是锅炉结垢的主因，在锅炉运行中常有发生，另外一些化合物，如磷酸钙、硅酸钙、磷酸镁、硅酸镁、氢氧化镁、铁氧化物等也是造成锅炉结垢的一部分原因。

腐蚀，在水处理专家看来是铁元素返回铁矿的自然趋势，在热力学上讲是自由能增加的过程。产生腐蚀的因素很多很复杂，若从药水处理角度来看，则主要依据炉水的 pH 值及给水中的溶解氧来确定药剂配方，一般来说，蒸汽温度高，腐蚀增加；另外一种对中小锅炉影响较大的是碱腐蚀，碱腐蚀是炉水中含有游离氢氧化钠而造成的腐蚀，操作中控制炉水含盐量及碱值可以避免炉水中易溶物质氢氧化钠的浓缩，从而避免碱腐蚀的发生。

锅炉给水处理技术包括炉外处理和炉内处理。炉外处理主要方法为树脂软化或反渗透软化、除氧，炉内处理是使炉内结垢、腐蚀、蒸汽夹带得到控制而实现锅炉安全运行的最佳操作。只有良好的炉外处理而没有炉内处理，对锅炉安全而言只能是事倍功半。

（三）工艺用水系统

工艺用水种类较多，对配置和运行的要求也不一样。

1. 产品用水系统

产品用水是生产原料，直接作为产品的一部分或参与化学反应生成新的物质。

对于产品用水系统，一般有严格的工艺要求。不同的产品对产品用水水质的要求不同，用水系统的配置和运行要求也不相同。制作直接饮用水作为产品，或作为食品原料、医药药品用水，水质要求是很高的，制水系统的配置和运行也就比一般工业产品用水系统复杂和严格。

食品用水（包括用作饮用水和食品原料用水）要符合国家标准 GB 5749—2006《生活饮用水卫生标准》，必须经过卫生检验。主要是：饮用水不得含有病原微生物；饮用水中化学物质不得危害人体健康；饮用水中放射性物质不得危害人体健康；感官性状良好；应经消毒处理等；水质应符合标准要求。

根据这些要求，食品用水系统就要配备相应的沉淀、过滤、消毒杀菌装置和检验装置，并保证这些装置的正常运行。

医药工艺用水系统应符合国家标准 GB 50913—2013《医药工艺用水系统设计规范》的规定。

2. 洗涤用水系统

洗涤用水是工业生产过程中，对原材料、物料、半成品、成品、设备进行洗涤处理的水。

洗涤对象的不同，对洗涤用水的水质要求也不同。如对食品原料的洗涤用水要求和对生产设备的洗涤用水的水质要求不同，其所配置的洗涤用水系统水处理装置也不相同，运行的要求也不相同。

洗涤用水的作用主要是冲刷和溶解被洗涤物质上的杂质，使用后水的杂质含量提高，一般情况下不可循环使用，但可直接或经过处理后用于其他工艺；如果被洗涤物洁净要求较低，可处理后重复使用。

3. 除尘用水系统

工业生产过程中，需要对产生含有颗粒物和其他污染物的烟气、空气进行净化。除尘用水是用于净化过程的水，湿法除尘的主要介质，一般经过沉淀等简单处理后可重复使用。

水除尘对于化工、喷漆、喷釉、颜料等行业产生的带有水分、黏性和刺激性气味的灰尘是适用的除尘方式，不仅可除去灰尘，还可利用水除去一部分异味；对于有害性气体（如少量的二氧化硫、盐酸雾等），可在洗涤液中配制吸收剂吸收。

水除尘既消耗水，又产生污水。对于没有特殊要求的烟气和空气，可采用干法除尘（如布袋除尘器、静电除尘器、电袋复合除尘器等）代替湿法除尘，减少企业的洗涤用水。

4. 输送用水系统

以水为输送动力和介质，可以以两相流方式输送生产设备或产品生产线所产生的颗粒状固体物等物料。如高炉炉渣出渣时冲渣、选矿中输送尾矿、输送粉煤灰、连铸和轧钢生产中输送氧化铁皮等。

输送用水的水质要求一般不高，可在经过固液分离后重复使用。因此，输送用水系统一般配置固液分离系统和水回用系统。

5. 直接冷却水系统

水可以作为与被冷却物料直接接触的冷却介质。直接冷却水就是工业生产过程中为满足工艺过程需要，用以冷却产品或半成品并与之直接接触的冷却水，包括调温、调湿使用的直流喷雾水。如连铸生产中的二次冷却水、高炉炉役末期炉壳喷水、湿法熄焦用水等。某些转炉一次烟气净化中，蒸发冷却器（喷雾冷却塔）用水也属于直接冷却水，也有部分除尘功能。

有些直接冷却水可以循环使用，有些需要配置处理设施。直接冷却水系统一般要求运行可靠，否则会对生产及设备带来较大的影响。

6. 混料用水系统

有些产品生产中，由于原料本身属于散状物质，需要混匀并结合在一起，在随后的干燥、烧成、烧结等过程中水蒸发到环境中，并不进入产品之中。

混料用水水质一般要求不高，循环冷却水排污水等可以用于混料。由于水分在生产过程中蒸发，只能一次性使用。

混料用水系统的配置相对简单。

三、分类汇总

对不同用水设备（用水系统）进行分类汇总，分析评价其用水效率，核实系统中是否存在国家明令淘汰的设备。

（一）分类汇总

按照上述冷却水系统、锅炉用水系统、工艺用水系统等主要用水系统，对用水系统及其主要设备进行汇总，内容包括主要用水设备（用水系统）的名称、所在分厂（车间）、生产工艺过程（简要，如合成、冶炼等），用水设备（系统）能力、用水量、重复利用水量、水温、水质等。

（二）分析评价设备用水效率

对每一台（套）用水设备，分析评价其用水效率。

效率是达到的结果与使用的资源之间的关系。用水设备（用水系统）用水效率是用水设备（用水系统）所实现的工艺结果与其所用水量之间的关系。

用水效率用一系列指标进行分析评价。用水设备（用水系统）用水效率的评价指标数量少于企业用水效率的评价指标数量，范围也小于企业用水的范围。

（三）核实淘汰设备

对用水系统中的设备型号、规格逐台查证，核实是否存在国家明令淘汰的设备。

第五节 用水效率分析

用水效率指在特定的范围内，水资源有效投入和初始总的水资源投入量之比。工业企业用水效率是工业企业生产的最终结果和其取水量之间的关系。

一、主要用水效率指标

企业用水效率的主要评价指标有单位产品取水量、单位工业增加值取水量、重复利用率、漏失率、排水率、废水回用率、冷却水循环率、冷凝水回用率、达标排放率、非常规水资源替代率等。

（一）单位产品取水量

审计期内，企业生产单位产品的取水量，用式（6-1）计算：

$$V_{ui} = \frac{V_i}{Q} \tag{6-1}$$

式中 V_{ui}——单位产品取水量，m^3/单位产品，产品单位可以是 t、kg、m、kW · h 等；

V_i——审计期内企业取水量，m^3；

Q——审计期内企业产品产量，单位可以是 t、kg、m、kW · h 等。

（二）单位工业增加值取水量

审计期内，企业实现单位工业增加值的取水量，用式（6-2）计算：

$$V_{vai} = \frac{V_i}{VA} \tag{6-2}$$

式中 V_{vai}——单位工业增加值的取水量，m^3/千元；

V_i——审计期内企业取水量，m^3；

VA——审计期内企业实现的工业增加值，千元。

（三）重复利用率

审计期内，企业重复利用水量占总用水量的百分比，按式（6-3）计算：

$$R = \frac{V_r}{V_i + V_r} \times 100 \tag{6-3}$$

式中　R——重复利用率,%；

V_r——审计期内企业重复利用水量，m^3；

V_i——审计期内企业取水量，m^3。

（四）冷却水循环率

1. 间接冷却水循环率

间接冷却水循环水量与间接冷却水用水量的百分比，用式（6-4）计算：

$$R_c = \frac{V_{cr}}{V_{cr} + V_{cf}} \times 100 \tag{6-4}$$

式中　R_c——间接冷却水循环率,%；

V_{cr}——审计期内企业间接冷却水循环量，m^3；

V_{cf}——审计期内企业间接冷却水系统补充水量，m^3。

2. 直接冷却水循环率

直接冷却水循环水量与直接冷却水用水量的百分比，用式（6-5）计算：

$$R_d = \frac{V_{dr}}{V_{dr} + V_{df}} \times 100 \tag{6-5}$$

式中　R_d——直接冷却水循环率,%；

V_{dr}——审计期内企业直接冷却水循环量，m^3；

V_{dr}——审计期内企业直接冷却水系统补充水量，m^3。

（五）漏失率

审计期内，企业总漏失水量占取水量的百分比，用式（6-6）计算：

$$K_l = \frac{V_l}{V_i} \times 100 \tag{6-6}$$

式中　K_l——漏失率,%；

V_l——审计期内企业漏失水量，m^3；

V_i——审计期内企业取水量，m^3。

（六）排水

审计期内，企业排水量占取水量的百分比，用式（6-7）计算：

$$K_d = \frac{V_d}{V_i} \times 100 \tag{6-7}$$

式中 K_d——排水率,%;

V_d——审计期内企业排水量，m^3；

V_i——审计期内企业取水量，m^3。

（七）废水处理回用率

审计期内，企业废水经处理再利用的水量与排水量的百分比，用式（6-8）计算：

$$K_w = \frac{V_w}{V_d + V_w} \times 100 \tag{6-8}$$

式中 K_w——排水率,%;

V_w——审计期内企业废水处理后回用量，m^3；

V_d——审计期内企业排水量，m^3。

（八）蒸汽冷凝水回用率

审计期内，企业蒸汽冷凝水回收量占产汽设备产汽量（包括热工设备采用汽化冷却方式产生的蒸汽量）的百分比，用式（6-9）计算：

$$R_b = \frac{D_{br}}{D} \times 100 \tag{6-9}$$

式中 R_b——蒸汽冷凝水回用率,%;

D_{br}——审计期内企业蒸汽冷凝水回用量，t；

D——审计期内企业产汽设备产汽量，t。

（九）达标排放率

审计期内，达到排放水质标准的外排水量与外排水量的百分比，用式（6-10）计算：

$$K_p = \frac{V_p}{V_d} \times 100 \tag{6-10}$$

式中 K_P——达标排放率,%;

V_P——审计期内企业达到排放标准的排水量，m^3；

V_d——审计期内企业排水量，m^3。

（十）非常规水资源替代率

审计期内，企业非常规水资源所替代的取水量与企业非常规水资源所替代的取水量和企业常规水源取水量之和的百分比，用式（6-11）计算：

$$K_h = \frac{V_{ih}}{V_{ih} + V_i} \times 100 \tag{6-11}$$

式中 K_h——非常规水资源替代率,%；

V_{ih}——审计期内，企业非常规水资源所替代的取水量，m^3；

V_i——审计期内，企业常规水资源的取水量，m^3。

二、用水效率指标分析

用水效率指标分析时，应与取水定额标准、节水型企业标准、水效领跑者、同行业企业、本企业历史数据进行比较，找出差距所在。

（一）与取水定额标准比较

国家有一些行业的用水（取水）定额标准，各省级行政区一般也有适用于辖区内的地方标准，应将企业单位产品取水量与取水定额标准进行比较，确定是否达标。

（二）与节水型企业标准对照

将计算出的企业用水效率指标与相应的节水型企业标准进行对照，找出存在的差距，分析差距产生的原因。

本书定稿前，国家发布了12个行业的节水型企业标准。值得注意的是有些标准发布时间较早，随时应注意其修订动态。

1. 纺织染整行业

纺织染整指对以天然纤维、化学纤维以及天然纤维和化学纤维按不同比例混纺为原料的纺织材料（纤维、纱、线和织物）进行的以化学处理为主的染色和整理过程，又称印染。典型的染整过程一般包括前处理、印染和后整理三个工序。

纺织染整行业节水型企业技术考核指标见表6-1。

表6-1 纺织染整行业节水型企业技术考核指标

考核内容	技术指标	单位	考核值
单位产品取水量	棉、麻、化纤及混纺机织物	m^3/hm	≤2
	丝绸机织物	m^3/hm	≤3
	针织物及纱线	m^3/t	≤100

续表 6-1

考核内容	技术指标	单位	考核值
重复利用	重复利用率	%	≥45
	间接冷却水循环率	%	≥95
	冷凝水回用率	%	≥98
	废水回用率	%	≥20
用水漏损	用水综合漏失率	%	≤6

注：技术考核指标以棉色布为标准品，将标准品折合系数为 1，机织物百米基准值为布幅宽度 106 cm、布重 12.00 kg/hm 的合格产品，当棉机织产品布幅宽度或布重不同时，计算其产品产量时可进行相应的换算。其他产品，可根据织物的长度、幅宽、厚度等数据换算。

2. 钢铁行业

钢铁行业指钢铁联合企业，包括生产能力配套的焦化、烧结、球团、炼铁、连铸、轧钢等主要生产工序及制氧等辅助生产工序。钢铁行业节水型企业技术考核指标见表 6-2。

表 6-2 钢铁行业节水型企业技术考核指标

考核内容	技术指标	单位	考核值
单位产品取水量	吨钢取水量	m^3/t	≤4.2
重复利用	直接冷却水循环率	%	≥95
	废水回用率	%	≥75
	重复利用率	%	≥97
用水漏损	用水综合漏失率	%	≤8

3. 火力发电行业

火力发电行业节水型企业技术考核指标见表 6-3。

表 6-3 火力发电行业节水型企业技术考核指标

考核内容		要求			
取水量	单位发电量取水量 /m^3 (MW·h)$^{-1}$	机组冷却形式	单机容量 $<$300 MW	单机容量 300 MW 级	单机容量 600 MW 级及以上
		循环冷却	≤1.85	≤1.71	≤1.68
		直流冷却	≤0.41	≤0.34	≤0.33
		空气冷却	≤0.45	≤0.38	≤0.37

续表 6-3

考核内容		要求
重复利用	循环冷却水排污水回用率/%	>90
	全厂废水回用率/%	>85

注：1. 循环冷却不包含海水循环冷却，海水循环冷却按直流冷却对待。

2. 单位发电量取水量指火力发电企业生产每单位发电量需要从各种常规水资源提取的水量。取水量包括取自地表水（以净水厂供水计量）、地下水、城镇供水工程，以及企业从市场得到的其他水或水的产品（如蒸汽、热水、地热水等），不包括企业自取的海水、苦咸水以及取水用于生活区和外供水产品（如蒸汽、热水、地热水等）的水量。采用直流冷却系统的企业取水量不包括从江、河、湖等水体取水用于凝汽器及其他换热器开式冷却并排回原水体的水量；企业从直流冷却水（不包括海水）系统中取水用作其他用途，则该部分应计入企业取水范围。

4. 石油炼制行业

石油炼制是以石油为原料，加工生产燃料油、润滑油等产品的全过程。石油炼制不含石化有机原料、合成树脂、合成橡胶、合成纤维以及化肥等的生产。

石油炼制不含芳烃联合装置，不含企业内发电机组。石油炼制行业节水型企业技术考核指标见表 6-4。

表 6-4 石油炼制行业节水型企业技术考核指标

考核内容		要求
重复利用	加工吨原（料）油取水量/$m^3 \cdot t^{-1}$	≤0.7
	重复利用率/%	≥97.5
	浓缩倍数	≥4.0
	软化水、除盐水制取系数	≤1.1
	蒸汽冷凝水回收率/%	≥60
	含硫污水汽提净化水回用率/%	≥60
	污（废）水回用率/%	≥50
用水漏损	用水综合漏失率/%	≤7
排水	加工吨原（料）油排水量/ $m^3 \cdot t^{-1}$	≤0.35

注：表中浓缩倍数指标是按间接冷却水循环系统中补充运行过程中损失的取水量确定的，当企业的间接冷却水循环系统的补充水中含有污（废）水回用水时，可将浓缩倍数指标按污（废）水回用水水量占补充水总量的 10 %递减 0.1 进行确定。

5. 造纸行业

造纸行业节水型企业技术考核指标见表 6-5。

表 6-5 造纸行业节水型企业技术考核指标

考核内容	产品	单位	考核值
单位产品取水量	漂白化学木（竹）浆	m^3/t	≤70
	本色化学木（竹）浆		≤50
	化学机械木浆		≤30
	漂白化学非木（麦草、芦苇、甘蔗渣）浆		≤100
	脱墨废纸浆		≤24
	未脱墨废纸浆		≤16
	新闻纸		≤16
	印刷书写纸		≤30
	生活用纸		≤30
	包装用纸		≤20
	白纸板		≤30
	箱纸板		≤22
	瓦楞原纸		≤20
重复利用率	纸浆	%	≥70
	纸及纸板		≥85

注：1. 经抄浆机生产浆板时，增加 $10m^3/t$；生产漂白脱墨废纸浆时，增加 $10m^3/t$；生产涂布类纸及纸板时，增加 $10m^3/t$。

2. 纸浆的计量单位为吨风干浆（含水 10%）。

3. 纸浆、纸、纸板的取水量指标分别计算。

4. 高得率半化学本色木浆及草浆按本色化学木浆执行，机械木浆按化学机械木浆执行。

5. 不包括特殊浆种、薄页纸及特种纸的取水量。

6. 乙烯行业

乙烯行业节水型企业技术考核指标见表 6-6。

表 6-6 乙烯行业节水型企业技术考核指标

考核内容	技术指标	单位	考核值
取水	单位乙烯取水量	m^3/t	≤6.5
	化学水制取系数	m^3/m^3	≤1.1（离子交换树脂工艺）
		m^3/m^3	≤1.25（反渗透工艺）
	重复利用率	%	≥98
	循环水浓缩倍数	%	≥5
	蒸汽冷凝水回收率	%	≥80
排水	单位乙烯排水量	%	≤1.8

注：当企业的间接冷却水循环系统的补充水中含有污（废）水回用水时，将循环水浓缩倍数指标按污（废）水回用水水量占补充水总量的百分比数值进行削减。

7. 味精行业

味精行业节水型企业技术考核指标见表6-7。

表6-7　味精行业节水型企业技术考核指标

考核内容	技术指标	单位	考核值
单位产品取水量	吨味精取水量	m^3/t	≤25
重复利用	重复利用率	%	≥92
	间接冷却水循环率	%	≥95
排水	达标排放率	%	100
用水漏损	用水综合漏失率	%	≤3

8. 氧化铝行业

氧化铝行业节水型企业技术考核指标见表6-8。

表6-8　氧化铝行业节水型企业技术考核指标

考核内容	技术指标	单位	拜耳法考核值	烧结法考核值	联合法考核值
取水量	单位氧化铝产品取水量	m^3/t	≤1.5	≤3.0	≤2.0
重复利用	废水回用率	%	≥98	≥98	≥98
	重复利用率	%	≥98	≥98	≥98
用水漏损	用水综合漏失率	%	≤1	≤1	≤1

9. 电解铝行业

电解铝行业节水型企业技术考核指标见表6-9。

表6-9　电解铝行业节水型企业技术考核指标

考核内容	技术指标	单位	考核值
取水量	单位电解铝产品取水量	m^3/t	≤1.5
重复利用	重复利用率	%	≥98
用水漏损	用水综合漏失率	%	≤1

10. 铁矿采选行业

铁矿采选行业节水型企业技术考核指标见表6-10。

表6-10　铁矿采选行业节水型企业技术考核指标

考核内容	工艺流程	技术指标	单位	考核值
磁铁矿选矿工艺取水量	阶段磨矿—磁选	吨原矿水量	m^3/t	≤0.65

续表 6-10

考核内容	工艺流程	技术指标	单位	考核值
赤铁矿选矿工艺取水量	阶段磨矿—磁选—反浮选	吨原矿水量	m^3/t	≤0.7
混合矿选矿工艺取水量	阶段磨矿—磁选—反浮选	吨原矿水量	m^3/t	≤0.7
露天采矿工艺取水量		吨采剥量取水量	m^3/t	≤0.003
地下采矿工艺取水量		吨出矿取水量	m^3/t	≤0.04
重复利用		重复利用率	%	≥90
用水漏损		用水综合漏失率	%	≤5

11. 炼焦行业

炼焦行业节水型企业技术考核指标见表 6-11。

表 6-11 炼焦行业节水型企业技术考核指标

考核内容	技术指标	单位	考核值		
			常规焦炉	热回收焦炉	半焦炉
取水量	吨焦取水量	m^3/t	≤1.2	≤0.4	≤0.6
重复利用	间接冷却水循环率	%	≥98		
	废水回用率	%	≥75		
	重复利用率	%	≥98	—	≥98
用水漏损	用水综合漏失率	%	≤3		

12. 啤酒行业

啤酒行业节水型企业技术考核指标见表 6-12。

表 6-12 啤酒行业节水型企业技术考核指标

考核内容	技术指标	单位	考核值
取水量	千升啤酒取水量	m^3/kL	≤4.0
重复利用	重复利用率	%	≥70
	间接冷却水循环率	%	≥95
排水	达标排放率	%	100

（三）与水效领跑者比较

水效领跑者是指同类可比范围内用水效率处于领先水平的用水产品、企业和灌区，对于工业企业来说就是用水产品。进行用水效率分析时，应与同行业水效领跑者企业的单位产品取水量、水重复利用率指标进行对比。

工业和信息化部认定的2017年各行业水效领跑者企业及入围企业用水效率指标见表6-13~表6-17。

表6-13 钢铁行业水效领跑者与入围企业指标

企业	水效指标		备注
	吨钢取水量/$m^3 \cdot t^{-1}$	重复利用率/%	
山西太钢不锈钢股份有限公司	2.35	98.5	水效领跑者
宝钢湛江钢铁有限公司	1.38（江水） 4.26（含雨水、海淡）	98.1	水效领跑者
首钢京唐钢铁联合有限责任公司	3.25	98.7	水效领跑者
鞍钢股份有限公司鲅鱼圈钢铁分公司	3.73	98.7	入围企业
广西柳州钢铁集团有限公司	3.43	98.3	入围企业
宝钢集团新疆八一钢铁有限公司	4.18	98.04	入围企业

表6-14 纺织染整行业水效领跑者与入围企业指标

企业	水效指标		备注
	单位产品取水量	重复利用率/%	
鲁泰纺织股份有限公司	纱79m^3/t，色织布1.09m^3/hm	68.2	水效领跑者
山东南山纺织服饰有限公司	精梳毛织物1.07m^3/hm	47.89	水效领跑者
互太（番禺）纺织依然有限公司	针织物及纱线77.87m^3/t	63.6	水效领跑者
广东溢达纺织印染有限公司	棉、麻、化纤及混纺机织物1.14m^3/hm，针织物及纱线93m^3/t	55	入围企业
孚日集团股份有限公司	毛巾布染色67.72m^3/t，棉纱染色75.81m^3/t	47.05	入围企业
华纺股份有限公司	印染布1.19 m^3/hm	52.22	入围企业

表6-15 造纸行业水效领跑者与入围企业指标

企业	水效指标		备注
	单位产品取水量/$m^3 \cdot t^{-1}$	重复利用率/%	
芬欧汇川（中国）有限公司	7.73	94.15	水效领跑者
浙江景兴纸业股份有限公司	生活用纸14.08，包装用纸6.12，白板纸7.02，箱纸5.68，瓦楞原纸5.44	90	水效领跑者
海南金海浆纸业有限公司	化学浆22.15 m^3/t风干浆，文化纸5.52	化学浆95.21，文化纸98.03	水效领跑者

续表 6-15

企业	水效指标		备注
	单位产品取水量/$m^3 \cdot t^{-1}$	重复利用率/%	
安徽山鹰纸业股份有限公司	包装纸 6.2，新闻纸 9.5	92.4	入围企业
金华盛（苏州工业园区）有限公司	纸 7.73	97.3	入围企业
维达纸业（四川）有限公司	生活用纸 8.85	97.39	入围企业

表 6-16 乙烯行业水效领跑者与入围企业指标

企业	水效指标		备注
	吨乙烯取水量/$m^3 \cdot t^{-1}$	重复利用率/%	
中国石油化工股份有限公司镇海炼化分公司	5.62	98.59	水效领跑者
中国石油天然气股份有限公司独山子石化分公司	4.5	99.11	入围企业

表 6-17 味精行业水效领跑者与入围企业指标

企业	水效指标		备注
	吨乙烯取水量/$m^3 \cdot t^{-1}$	重复利用率/%	
梁山菱花生物科技有限公司	10.02	98.58	水效领跑者
内蒙古伊品生物科技有限公司	9.28	95.76	入围企业

注：2017 年 12 月 5 日，工业和信息化部、水利部、国家发展和改革委员会、国家质量监督检验检疫总局以 2017 年第 57 号公告发布了 2017 年度钢铁、纺织染整、造纸、乙烯、味精行业 11 家达到行业水效领先水平的领跑者企业，以及 11 家符合重点用水企业水效领跑者入围条件要求的入围企业，公告了这些企业的单位产品取水量、水重复利用率和采用的节水技术，同时介绍了重点用水企业水效领跑者企业典型做法。

（四）与同行业企业比较

可以从政府统计部门、行业协会找出同行业企业的用水效率指标进行比较分析，明确本企业用水效率指标在行业中的位置，向先进企业看齐。

（五）与企业历史数据比较

企业发展过程中，随着节水管理、水系统集成优化和节水技术的进步、主要生产工艺及辅助生产工艺的改进，单位产品取水量一般是逐步降低的。分析历年的用水效率指标数值，分析其历史趋势及其曲线，可以找出用水效率指标与其相关因素的对应关系。

第六节　提出节水方案建议

为了实现用水管理目标和指标，企业要制定可行的用水节水方案。方案中要说明如何实现企业的用水目标和指标，包括时间进度、所需的资源和负责实施方案的人员。用水节水方案内容主要包括职责和权限、技术及管理措施、实施方法和财务资源、时间进度等。

企业用水审计中提出的节水方案建议，是企业制订用水节水方案的基础，其侧重点与企业实施的用水节水方案不同。节水方案建议的内容包括节水潜力分析、水系统集成优化分析、所采用的节水方法（技术、工艺、材料、设备等）、节水效果预测、管理措施、经济分析等。

一、节水潜力分析

潜力是潜在的能力或力量。

节水潜力是用水设备（用水系统）或企业在节水方面潜在的能力，是充分发挥出这些潜在的能力可以节约的水量，或者用同样的水量产生的多出原有的效益。通俗地讲，一般意义上的节水潜力就是用水单位在一定的社会经济技术条件下可以节约的最大水资源量。

通过对企业用水现状和趋势的分析，并与同类企业用水进行比较，从而分析计算其节水潜力，确定改进机会，提出节水方案。节水潜力可以从用水效率指标和节水技术、用水管理等方面进行分析。

（一）从用水效率指标分析

用水效率指标体现着企业的用水水平。单位产品取水量与水效领跑者水平、节水型企业标准值、同行业先进水平及平均先进水平、本企业历史最好水平的差距，就是企业达到不同水平的节水潜力所在。

相应的差值与企业产品产量之积，就是企业拥有的节约水资源量的能力，就是企业的节水潜力。

（二）从节水技术分析

每一项节水技术的应用，都会带来相应的节水效果。分析企业使用而未应用的节水技术，计算其节水效果，就是应用这项技术的节水潜力。如提高冷却循环水浓缩倍数的技术，提高浓缩倍数后减少的循环水系统排污量，就是应用这一技术的节水潜力。

应该注意的是，有些节水技术的节水效果之间有重叠现象，计算的节水潜力也存在重叠现象，应注意辨析，不要重复计算。

（三）从用水管理分析

完善健全的用水管理，是提高用水效率的保障。

应对照国家标准 GB/T 27886—2011《工业企业用水管理导则》，分析企业用水管理方面存在的问题，特别是水系统集成优化方面的不足，可以得出完善用水管理后的节水潜力。

（四）节水潜力分析应考虑的因素

分析节水潜力应考虑以下因素：

（1）对用水设备、网络和过程的控制；

（2）生产工艺用水的合理化；

（3）工艺改进所带来的节水效益；

（4）对节水新技术、工艺以及无水生产的研究和采用；

（5）非常规水资源的利用。

二、水系统集成优化分析

水系统集成优化是将企业整个用水系统作为一个有机整体，按照各用水单元、用水过程需要的水量和水质，系统性、综合性合理分配用水，使企业整体用水系统的新水量和废水排放量在满足给定的约束条件下同时达到最小最优的方法。

（一）水系统集成优化的基本原则

水系统集成优化应遵循系统性、科学性、可行性和经济性的原则。

1. 系统性原则

水系统集成优化应从系统角度出发，利用系统工程原理，着眼于企业用水系统整体，在充分掌握企业各用水单元、用水过程状况的基础上，以实现企业用水系统整体新水量和废水排放量最小为目标，对用水系统进行优化设计。

2. 科学性原则

水系统集成优化应贯彻清洁生产原则，从源头、过程等方面减少新水量及废水排放量，建立完善的废水利用系统，优先考虑废水直接利用，再考虑废水再生利用。

3. 可行性原则

水系统集成优化应易于实施、操作及管理，方案设计所需的各项指标和水质、水温、水量等参数应易于获取。

4. 经济性原则

水系统集成优化应与企业实际情况结合，在满足技术要求的基础上充分考虑经济性指标，既要技术上可行，又要经济上可行。

（二）水系统集成优化的程序和方法

水系统集成优化分为水系统现状调查、水系统优化对象及其约束条件的确定、水系统集成方案设计与优化、水系统集成优化效果评估等四个步骤。

1. 水系统现状调查

（1）根据需求和实际情况确定调查范围，调查各用水单元。调查内容至少应包括各用水单元所在车间及工艺单元、各用水单元入口流量及来源、各用水单元出口流量及去向、各用水单元入口和出口水质。

（2）根据用水单元的调查数据，绘制用水网络现状图。用水网络现状图是对企业用水网络现状的直观描述，建立在对企业用水单元充分调查基础之上。图中至少应明确三项内容，一是新水量、回用水量及其来源，二是各用水单元入口处的新水量、回用水量，三是各用水单元出口处的水量和流向。

2. 水系统优化对象及其约束条件的确定

（1）依据用水网络现状，分析确定拟优化的用水单元。

（2）约束条件至少要包括主要水质（含水温）、水量指标，并可根据实际需要将经济性指标、水网络连接数等作为约束条件。

（3）确定水质约束条件时要考虑水质特点、工艺需求及有关标准的要求。

3. 水系统集成方案设计与优化

（1）根据采集的数据，考虑废水直接利用、废水再生利用等途径，采用水系统集成技术确定用水系统的最小新水量。

在确定最小新水量时，可采用水系统集成优化有关软件进行计算。

（2）以上面计算得出的最小新水量为目标，以满足所有用水单元对水质、水量、水温的需求为约束，设计水系统集成初步方案。

(3) 分析约束条件以外的其他可能影响水回用的水质指标，考察设计的用水网络是否满足各项水质指标的要求，并根据操作经验，结合经济性的直观分析优化用水网络。

(4) 明确需要改进的工艺及设施，计算改造成本、废水回用效益、投资回收期等经济指标，详细分析水系统集成优化方案的经济性。

(三) 水系统集成优化效果评估

计算本企业内各种用水评价指标，包括单位产品取水量、重复利用率、废水回用率、冷却水循环率、冷凝水回用率、达标排放率等，并结合经济、管理等方面综合评价水系统集成优化实施效果。

根据水系统集成优化结果，总结经验，完善有关管理制度，加强管理，与同类企业的水平进行比对或对标自检，持续挖掘企业内节水潜力。

(四) 水系统集成优化技术

水系统集成优化技术主要有水夹点法和数学规划法。

1. 水夹点法

(1) 水夹点法的概念。

水夹点法是在平面坐标图上描述、分析用水系统的方法，也称为图示法。水夹点法是质量交换网络集成技术在用水操作上的应用。

(2) 水夹点分析。

在用水单元中，富杂质过程流股与水直接接触，富杂质过程流股中的杂质在传质推动力的作用下进入水中，从而产生一定浓度的废水。为了考察其他单元产生的废水能被本单元利用的可能性，需要指定本单元最大允许进口浓度，即极限进口浓度；为了确定所需水的最小流量，需要指定本单元最大出口浓度，即极限出口浓度。这样就可以得到该单元用水的极限曲线。从整体上来考虑整个系统的用水情况以达到用水网络的全局最优化，需要将所有用水单元的极限曲线复合起来进行分析。位于浓度组合曲线下方的供水线均可满足系统的用水要求。假定新水供水线入口浓度为 0，要使新鲜水用量达到最小，应该尽可能增大其出口浓度。当供水线的斜率增大到在某点与极限复合曲线相交时，传质推动力达到最小，出口浓度达到最大，新水用量达到最小。这个相交点就是“水夹点”。水夹点对于用水网络的设计具有重要的指导意义。水夹点上方的用水单元的极限进口浓度高于夹点浓度，不应使用新水；水夹点下方的用水单元的极限出口浓度低于夹点浓度，不应排放废水。

（3）水夹点设计。

利用水夹点技术确定了系统的最小新水目标值后，可以进一步设计达到该目标值的水网络。设计的方法主要有最大传质推动力法和最小匹配数法。最大传质推动力法充分利用极限复合曲线与供水线之间的浓度差，在最终的设计中使传质推动力达到最大。最小匹配数法则通过旁流和混合使各单元与水的匹配数达到最少。

（4）水夹点法适用范围。

水夹点法形象、直观、物理意义明确，除了能够确定最小新水流量目标并建立相应用水网络外，还为系统合理用水提供了指导。但受二维图形的限制，水夹点法在解决多杂质水系统集成问题上存在困难，并且无法解决与水质、水量无关的目标或约束，设计过程中需要依赖经验。水夹点法适用于解决单因素水系统集成优化问题。

2. 数学规划法

（1）数学规划法的概念。

数学规划法是基于对用水系统所建立的超结构模型，通过建立数学模型求解，从而对用水系统进行集成优化的方法。超结构模型是指能够涵盖用水系统所有可能网络结构的物理模型。

（2）废水直接利用常规水网络超结构的建立思路。

废水直接利用常规水网络超结构所建立的基本思路是每个用水单元都有可能使用新水和从其他单元来的废水，每个用水单元产生的废水都有可能用于其他单元。

（3）数学规划法适用范围

数学规划法能够解决多杂质复杂水系统集成优化问题，而且可以通过设定不同的目标及约束条件，使用水网络具有所期望的性质。但其求解过程为黑箱模型，不直观，物理意义不明确，其结果依赖于初值的选取，且由于模型多解性，使用者难于控制优化网络的生成。数学规划法适用于多杂质、多因素的复杂水系统集成优化问题。

（五）钢铁联合企业水系统优化

1. 确定优化对象

根据钢铁联合企业工艺流程、水杂质种类及浓度、地理位置布局等因素把拟优化对象划分为若干个子系统（子系统可以是一个用水单元或多个用水单元），在各个子系统内确定优化对象。用水水质要求低于其他出水水质的用水单元，应作为用水优化对象；出水水质能够达到其他用水水质要求的用水单元，应作为供水优化对象。特殊工序用水应特殊处理，如焦化废水、冷轧酸碱废水等。

2. 确定约束条件

约束条件应包括水质约束条件和经济约束条件。

（1）水质约束条件。

对于间接冷却水，水质约束条件主要是水质指标悬浮物、pH 值、总硬度、Cl^-、石油类、温度等。

对于直接冷却水，不同的应用工序考虑的主要水质指标不同。原料场、烧结、球团直接冷却水水质约束条件主要是悬浮物等；炼铁直接冷却水水质约束条件主要是悬浮物、总硬度、Cl^-、温度等；炼钢和轧钢直接冷却水水质约束条件主要是悬浮物、总硬度、Cl^-、温度、石油类等。

（2）经济约束条件。

经济约束条件应考虑企业进行水系统集成优化设计的成本、增设管道和处理设施及改建的投资成本、水系统集成优化后的运行及管道维护成本等。

3. 确定极限数据

根据用水单元的设计参数、工艺条件、物料属性、设备类型和材质、操作要求等，结合企业所采用的水处理技术及专家经验评估确定其极限浓度和极限水流量数据。对于某用水单元禁止引入的杂质，其入口极限浓度应设为0；排水因含某种杂质而不能被其他单元再利用的单元，设定其出口极限浓度为所有单元出口浓度的最大值。对于进出口极限浓度难以确定的用水单元，可依据经验值和类似工序为其设定一个估计值。

4. 设计与优化

（1）水系统集成优化程序。

首先在各工序内部进行优化。一是原料场在排水起点设置沉淀池。二是焦化工序湿法熄焦采用循环用水，补水优先考虑使用处理后的焦化废水及净循环水系统排污水、再生水。三是炼铁工序高炉净循环水系统的排水，可作为高炉煤气洗涤循环水系统的补充水。高炉煤气洗涤水可作为冲渣系统的补充水；采用干法除尘的，高炉净循环水系统的排水，可直接作为冲渣系统的补充水。四是炼钢工序软化水冷却系统排水可作为设备间接冷却水；设备间接冷却水排污水可作为转炉烟气净化水补充水，转炉烟气净化水排水可作为转炉水淬渣水系统的补充水；采用 LT 干法除尘时设备间接冷却水排污水可直接作为转炉水淬渣水系统的补充水；钢水 RH 浊循环水系统排水可作为转炉烟气净化水系统或钢渣处理水系统的补充水；连铸二次喷淋水系统排水可作为铸坯冷却及火焰清理水系统补充水，其补充水可来自结晶器或液压系统排水。

其次，在完成各工序内部优化的基础上，将若干个关系比较紧密的工序组合后作为子系统进行优化，如可将烧结（球团）、焦化、炼铁等三个工序组合在一起进行优化。

第三，根据需要进行扩展，将优化后的子系统作为一个单元参与全厂的整体优化。

（2）设计优化。

据用水单元进、出口极限浓度和流量计算相应的杂质负荷，并采用数学规划法、水夹点法等方法计算最小新水量，并进行用水管网的优化，绘制出用水网络优化图。

（3）调整。

根据实际情况对用水网络优化图进行调整，并遵循如下原则：一是将其他可能限制回用水的因素考虑在内，校验方案是否可行；二是优先在车间内部进行水量匹配；三是尽可能减少用水单元的供水水源数，对水量相当的供水单元和用水优先匹配；四是满足预期节水目标。

三、节水方法

近年来，出现了很多节水新工艺、新材料、新技术和节水设备。合理地选用这些节水工艺、节水材料、节水技术和节水设备，是节水方案的重要内容。

（一）节水工艺

节水工艺是通过改变生产原料、工艺和设备或用水方式，实现少用水或不用水，是更高层次的源头节水技术。

一些行业“水效领跑者”采用的工业生产中的节水工艺、技术和装备如下：

1. 钢铁企业

“三干”工艺，分质用水、循环用水、梯级利用，废水再生回收利用、焦化废水综合处理回收利用，雨水利用、海水利用，协同区域直接收集城市生活污水经生物处理和深度处理代替生产新水使用，敞开式净环水系统改密闭式循环水系统。

2. 纺织企业

半缸染色、射频烘干，低浴比筒子纱染色，羊毛纤维微悬浮体原位矿化染色技术、低浴比染色、数码印花、退煮漂一步法工艺、高效皂洗工艺、冷轧堆染色工艺、工艺优化，染色后浴液循环使用、浅色水回用、再生水回用，染色机设备升级、更新印染设备。

3. 造纸企业

网压部高压喷淋、温热水交换器、冷凝水交换系统、系统白水回用技术、定向高压网部清洗器、冷凝水回用制浆、高压割水针、干式除灰渣技术、磨浆机密封水优化。

4. 乙烯企业

多重水循环利用技术、凝结水高效回收、高盐污水回收利用技术、急冷区使用板式换热器。

5. 味精企业

味精乐色生产技术、淀粉无废化生产、氨基酸发酵系统蒸汽凝水回收利用工艺、二次冷凝水代替一次水、废水回用。

（二）节水材料

节水材料是用于用水系统减少水消耗量、降低水损失的材料，如冷却塔新型填充料、快速堵漏材料，环保型水处理药剂，纺织印染加工企业天然彩棉等节水型生产原料等。

（三）节水技术

工业节水技术是指提高工业用水效率和效益、减少水损失、可替代常规水资源等的技术，包括直接节水技术和间接节水技术。直接节水技术指直接节约用水、减少水资源消耗的技术；间接节水技术指本身不消耗水资源或者不用水，但能促使降低水资源消耗的技术。技术一般是关联技术，大多数节水技术也是节能技术、清洁生产技术、环境保护技术、循环经济技术。

主要工业节水技术有：

(1) 工业用水重复利用技术。包括循环用水系统、串联用水系统和回用水系统，企业用水网络集成优化技术，蒸汽冷凝水回收再利用技术，蒸汽冷凝水除铁、除油技术，外排废水回用和“零排放”技术。

（2）冷却节水技术。包括物料换热节水技术，优化循环冷却水系统，高效循环冷却水处理技术（包括浓缩倍数大于4的水处理运行技术），空气冷却技术，加热炉等高温设备的汽化冷却技术，缺水以及气候条件适宜的地区推广空气冷却技术。

（3）热力和工艺系统节水技术。包括生产工艺（装置内、装置间、工序内、工序间）的热联合技术，中压产汽设备的给水使用除盐水、低压产汽设备的给水使用软化水，“零排放”的热水锅炉和蒸汽锅炉水处理技术、锅炉气力排灰渣技术，“零排放”无堵塞湿法脱硫技术，干式蒸馏、干式汽提、无蒸汽除氧等少用或不用蒸汽的技术，电去离子净水技术。

（4）洗涤节水技术。包括逆流漂洗、喷淋洗涤、汽水冲洗、气雾喷洗、高压水洗、振荡水洗、高效转盘等节水技术，可再循环再利用的清洗剂、多步合一的清洗剂及清洗技术等装备节水清洗技术，干冰清洗、微生物清洗、喷淋清洗、水汽脉冲清洗、不停车在线清洗等技术，使用再生水和具有光催化或空气催化的自清洁涂膜技术等环境节水洗涤技术，环保型溶剂、干洗机、离子体清洗等无水洗涤技术和设备。

（5）工业给水和废水处理节水技术。包括新型滤料高精度过滤技术、汽水反冲洗技术等降低反洗用水量技术，回收利用反洗排水和沉淀池排泥水的技术；废水处理中应用臭氧、紫外线等无二次污染消毒技术；在工业废水处理中应用超临界水处理、光化学处理、新型生物法、活性炭吸附法、膜法等技术。

（6）非常规水资源利用技术。包括海水直流冷却和海水循环冷却技术等海水直接利用技术；海水和苦咸水淡化处理技术，以海水淡化为主兼顾卤水制盐以及提取其他有用成分相结合的产业链技术；海水淡化设备的成套化、系列化、标准化制造技术；采煤、采油、采矿等矿井水的资源化利用技术。

（7）工业输用水管网、设备防漏和快速堵漏修复技术。包括新型输用水管材制造技术，不泄漏、便于操作和监控、寿命长的阀门和管件制造技术；工业供水压力、液面、水量控制技术；工业水管网和设备（器具）的检漏设备、仪器和技术；管网和设备（器具）的快速堵漏修复技术。

（8）工业用水计量管理技术。包括计算机和自动监控系统，建立用水和节水计算机管理系统和数据库。

（9）工业生产节水技术。如中浓技术和过程智能化控制技术、高效沉淀过滤设备白水回收技术、白水回收和中段废水二级生化处理后回用技术，油田优化注水技术，稠油污水深度处理回用注汽锅炉技术，三次采油采出水处理回用工艺技术，天然彩棉新型制造技术等。

（四）节水设备

近年来，市场上出现了很多节水设备。2017年9月6日，财政部、国家税务总局、国家发展和改革委员会、工业和信息化部、环境保护部以财税〔2017〕71号文件印发了《节能节水和环境保护专用设备企业所得税优惠目录（2017年版）》，其中所附《节能节水专用设备企业所得税优惠目录（2017年版）》与工业企业有关的节水设备有冷却设备（空冷式换热器、机械通风开式冷却塔）、水处理及回用设备（反渗透淡化装置、中空纤维超滤水处理设备）和水处理及回用设备（海水/苦咸水淡化反渗透膜元件）。空冷式换热器的应用范围是发电、化工、冶金、机械制造；机械通风开式冷却塔的应用范围是空调制冷、冷冻、化工、发电，性能参数为循环水量≤$1000m^3/h$的中小型塔飘水率≤0.006%、耗电比≤$0.035kW \cdot h/m^3$、冷却能力≥95%，循环水量>$1000m^3/h$的大型塔飘水率≤0.001%、耗电比≤$0.045kW \cdot h/m^3$、冷却能力≥95%；反渗透淡化装置的应用范围是含盐量低于10000mg/L的苦咸水淡化或农村分散地区的饮用水处理，性能参数是水回收率≥75%、脱盐率≥95%；中空纤维超滤水处理设备的应用范围是水处理净化，性能参数是截留率≥90%、产水量≥额定产水量；海水/苦咸水淡化反渗透膜元件的应用范围是海水、苦咸水淡化，性能参数是苦咸水淡化反渗透膜水通量≥$4.5\times10^{-2}m^3/(m^2 \cdot h)$、脱盐率≥99.0%，海水淡化反渗透膜水通量≥$3.8\times10^{-2}m^3/(m^2 \cdot h)$、脱盐率≥99.4%。

其他工业节水设备有动筛跳汰机等节水选煤设备、干法选煤设备、大型先进的脱水和煤泥水处理设备，漏蒸汽率小、背压度大的节水型疏水器等汽冷凝水的回收设备和装置，新型高效换热器等高效换热设备，高效环保节水型冷却塔和其他冷却构筑物，高效、经济合理的空气冷却设备，新型工业水量计量仪表、限量水表和限时控制、水压控制、水位控制、水位传感控制等控制仪表。

四、预测节水效果

对于拟采用的节水技术和节水措施，如废水、可再生水资源的利用及节水工艺等，应进行节水效果预测。

节水技术和节水措施节水效果的测算分析可以按照“节水技术和节水措施概述—水平衡建立—水平衡测算—节水效果测算”的技术路线进行。

通过节水技术和节水措施实施前后取水量的比较，可以预测节水技术和节水措施的节水效果。

水平衡是企业各用水单元或系统的输入水量之和等于输出水量之和，水平衡建立和水平衡测算是节水技术和节水措施节水效果预测的关键。

水平衡的企业用水指其生产过程用水，包括主要生产用水、辅助生产用水、附属生产用水，不包括居民生活用水、外供水、基建用水。主要生产用水是指主要生产系统（主要生产装置、设备）的用水。辅助生产用水是指为主要生产系统服务的辅助生产系统（包括工业水净化单元、软化水处理单元、水汽车间、循环水场、机修、空压站、污水处理场、贮运、鼓风机站、氧气站、电修、检化验等）的用水。附属生产用水是指在厂区内，为生产服务的各种服务、生活系统（如厂办公楼、科研楼、厂内食堂、厂内浴室、保健站、绿化、汽车队等）的用水。预测节水效果时，范围可确定为节水技术和节水措施影响到的范围。

五、管理措施

用水管理是工业企业通过采取制度、标准、经济、技术以及综合措施，对其用水环节进行控制和改进的过程。工业企业用水管理的基本要求一是设立用水管理部门并明确其岗位职责和权限；二是遵守国家、地方和行业用水节水有关的法律、法规、政策、标准和其他要求，并结合企业的发展战略和经营目标，制定企业用水管理指导方针、目标和指标；三是向全体员工传达其用水管理指导方针，并进行用水管理宣传，提高员工节约用水意识，将节约用水的理念融入企业的文化；四是制定和实施教育培训制度，定期对用水相关岗位进行培训，确保所有相关人员的专业技能符合岗位要求；五是制定和实施有关用水节水的奖惩制度，以激励提高用水效率的行为和措施；六是根据企业特点，考虑厂际间的联合供、用水系统，做到合理用水，确保用水安全；七是完成对规划和设计、取水、管道和设备、水处理和水质、计量和统计分析、绩效评价等主要环节的控制；八是识别可能对用水造成影响的紧急情况和事故隐患，制定预防措施和应急预案，对发生的紧急情况和事故作出响应，降低随之产生的影响。

节水方案建议的用水管理措施主要包括节水管理人员配备、用水监测方法、计量管理与仪器仪表配备等。

（一）节水管理人员配备

管理人员是企业中行使管理职能、指挥或协调他人完成具体任务的人，节水管理人员是负责企业用水、节水的管理人员。

企业要节约用水，不是一个单纯的技术问题，用水节水的管理也是一个重要的方面。企业一般建立了用水节水的管理部门，并明确了部门、人员的职责和权限，制订了用水节水的管理制度。但用水节水的管理体系是否适应企业用水节水，制度是否合理，运行是否正常，岗位职责是否覆盖用水节水管理的全部内容，人员配备在数量、专业、知识结构、学历结构、年龄结构等方面是否合理，都会通过企业用水审计暴露出来。

通过发现以上方面的问题，可以提出合理的改进措施。在这些改进措施中，人员的配备是首要的。通过把不适应的节水管理人员更换为符合素质要求的合格人员，通过配齐节水管理人员，会使用水节水管理工作有一个较大的改观。

（二）用水监测方法

监测即监视、检测。监，即监视、监听、监督；测，即测试、测量、测验。监测，偏重于观察；检测，偏重于检验。

用水监测是企业用水节水的重要基础工作。

用水监测的主要参数是水量、水质（包括水温）。在企业用水审计中，用水效率指标都是通过监测数据统计计算得到的，企业用水节水中存在的问题也可以通过用水监测反映出来。

通过企业用水审计，可以发现用水监测中存在的问题，找出用水监测的盲点，发现用水监测方法不适应及数据不相符或矛盾之处。针对这些问题、盲点等，可以提出相应的监测措施，改进用水监测方法。

企业应按照国家相关标准及有关要求定期开展水平衡测试，建立用水技术档案，保持原始记录和台账，以进行统计、分析和数据管理。

（三）计量管理与仪器仪表配备

用水单位要建立水计量管理体系（可作为测量管理体系的一个组成部分），形成文件，实施并保持和持续改进其有效性。

仪器仪表是用以检出、测量、观察、计算各种物理量、物质成分、物性参数等的器具或设备，用于水量计量的仪器仪表即水计量器具。用水计量器具是用水监测的基础。

水计量率是在一定的计量时间内，用水单位、次级用水单位、用水设备（用水系统）的水计量器具计量的水量与占其对应级别全部水量的百分比。

1. 水计量器具的配备

水计量器具的配备原则一是满足对各类供水进行分质计量，对取水量、用水量、重复利用水量、排水量等进行分项统计的需要；二是公共供水工程供水与自建取水设施供水分别计量；三是生活用水与生产用水分别计量；四是满足工业用水分类计量的要求；五是常规水和非常规水分别计量。开展企业水平衡测试时，水计量器具配备应满足 GB/T 12452 的要求。

企业水计量器具的计量范围包括企业的输入水量和输出水量，包括自建取水设施供水量、公共供水工程供水量、其他外购水量、净水厂输出水量、外排水量、外供水量等，次级用水单位的输入水量和输出水量。

用水设备（用水系统）需计量的水量有冷却水系统的补充水量，软化水、除盐水系统的输入水量、输出水量、排水量，锅炉系统的补充水量、排水量、冷凝水回用量，污水处理系统的输入水量、外排水量、回用水量；工艺用水系统的输入水量，其他用水系统的输入水量。以上计量的补充水量如包括新水量，需单独计量。

单台设备或单套用水系统用水量大于或等于 $1m^3/h$ 及用蒸汽大于 7 MW 的设备（用水系统）为主要用水设备（用水系统）。对于可单独进行用水计量考核的用水单元（系统、设备、工序、工段等），如果用水单元已配备了水计量器具，用水单元中的主要用水设备（系统）可以不再单独配备水计量器具；对于集中管理用水设备的用水单元，如果用水单元已配备了水计量器具，用水单元中的主要用水设备可以不再单独配备水计量器具；对于可用水泵功率或流速等参数来折算循环用水量的密闭循环用水系统或设备、直流冷却系统，可以不再单独配备水计量器具。

次级用水单位、用水设备（用水系统）的水计量器具配备率、水计量率指标不考核排水量。

企业用水及蒸汽计量器具配备率的要求见表 6-18。

表 6-18 企业用水及蒸汽计量器具配备率的要求

考核项目	企业	次级用水单位	主要用水设备（用水系统）
水计量器具配备率/%	100	≥95	≥80

续表 6-18

考核项目	企业	次级用水单位	主要用水设备（用水系统）
水计量率/%	100	≥95	≥85
蒸汽计量器具配备率/%	100	≥80	≥70

2. 水及蒸汽计量器具的要求

水及蒸汽计量器具准确度等级要求见表 6-19。

表 6-19　水及蒸汽计量器具准确度等级要求

计量项目	准确度等级要求
取水、用水的水量	优于或等于 2 级水表
废水排放	不确定度优于或等于 5%
蒸汽流量	优于或等于 2.5 级
与蒸汽相关的温度计量	优于或等于 1.0 级
与蒸汽相关的压力计量	优于或等于 1.0 级

当计量器具是由传感器（变送器）、二次仪表组成的测量装置或系统时，表 6-19 中给出的准确度等级是装置或系统的准确度等级。装置或系统未明确给出其准确度等级时，可用传感器与二次仪表的准确度等级按误差合成方法合成。

特殊生产工艺用水，其水计量器具精确度等级要求应满足相应的生产工艺要求。

水计量器具的性能应满足相应的生产工艺及使用环境（如温度、温度的变化率、湿度、照明、振动、噪声、电磁干扰、粉尘、腐蚀、结垢、粘泥、水中杂质等）要求。

3. 水计量器具的管理

企业要建立完整的水计量器具一览表。表中应列出计量器具的名称、型号规格、准确度等级、测量范围、生产厂家、出厂编号、用水单位管理编号、安装使用地点、状态（指合格、禁用、停用等）。主要次级用水单位和主要用水设备应备有独立的水计量器具一览表分表。

企业要建立水计量器具档案，内容包括水计量器具使用说明书、水计量器具出厂合格证、水计量器具最近连续两个周期的检定（测试、校准）证书、水计量器具维修或更换记录、水计量器具其他相关信息。

企业要建立水计量器具量值传递或溯源图，其中作为企业内部标准计量器具使用的，要明确规定其准确度等级、测量范围、可溯源的上级传递标准。企业的水计量器具要定期检定（校准）；属强制检定的水计量器具，其检定周期、检定方式应遵守有关计量技术法规的规定；属于企业自行校准且自行确定校准间隔的水计量器具，要有现行有效的受控文件（自校水计量器具的管理程序和自校规范）作为依据；检定（校准）后不符合要求或超过检定周期的水计量器具一律不得使用。

企业在用的水计量器具要在明显位置粘贴与水计量器具一览表编号对应的标签，以备查验和管理。

4. 水计量数据的管理

企业要建立水统计报表制度，水统计报表数据应能追溯至计量测试记录。

水计量数据记录应采用规范的表格式样，计量测试记录表格应便于数据的汇总与分析，应说明被测量与记录数据之间的转换方法或关系。

企业可根据需要建立水计量数据中心，或在能源管理中心加入水计量数据，利用计算机技术实现水计量数据的网络化管理。

六、制订节水方案的途径

在制订用水节水方案时，要根据企业的经济条件，选用适宜的、成本低、效益高的最佳可行技术和措施。

考虑采用的节水技术措施主要包括以下几方面：

（1）加强管理、提高意识所能够带来的节约；

（2）采用工业用水重复利用技术，提高水的重复利用率；

（3）采用高效冷却节水技术，提高冷却水利用效率，减少冷却用水量；

（4）采用热力和工艺系统节水技术；

（5）采用工业给水和废水处理节水技术，向降低反洗用水量、无二次污染处理、集中处理、净水新技术等技术方向发展；

（6）采用洗涤节水技术，向通用洗涤、专用洗涤、装备清洗、清洗化学品、无水洗涤以及环境洗涤的节水技术方向发展；

（7）采用非常规水资源利用技术，如发展海水直用技术、海水和苦咸水淡化处理技术、矿井水的资源化利用技术；

（8）用水计量管理技术，如重点用水系统和设备计算机自动监控系统、用水节水计算机管理系统和数据库；

（9）重点节水工艺，采用改变生产原料、工艺和设备或用水方式，实现少用水或不用水等更高层次的源头节水技术。

七、分析与评价

在进行分析评价之前，建议的技术性节水方案要明确其内容，一是详细的方案技术工艺流程；二是方案实施途径及要点；三是方案的主要设备清单及配套设施要求；四是方案的技术经济指标；四是可产生的环境、经济效益预测；五是方案的投资总费用。

节水方案建议的可行性分析包括技术分析评价、环境分析评价和经济分析评价。

（一）技术分析评价

技术分析评价是分析评价建议的节水方案在预定条件下是否可行。

技术分析评价的重点，一是方案采用的工艺、技术、设备在经济合理的条件下的先进性、适用性；二是方案与国家有关的技术政策和水政策的符合性；三是方案中技术引进或设备进口与国情的相符性，引进技术后的消化吸收能力；四是方案技术设备操作上的安全性、可靠性；五是方案采用技术的成熟度，如国内有无实施的先例。

节水方案的节水量是满足同等需要或达到相同目的的条件下，通过节水方案项目实施，用水单位的取水量相对于未实施节水方案的减少量；节水方案的减排水量是满足同等需要或达到相同目的的条件下，节水方案的排水量相对于未实施节水方案的减少量，亦即实施后的排水量与基准期的校准排水量之差。

一般应以企业现有状况作为基准期，计算节水方案的节水量和减排水量。

（二）环境分析评价

环境分析评价是研究建议的节水方案是否对环境造成不利影响，对环境的影响是否可接受，也就是在环境上是否可行。

环境分析评价包括但不限于以下内容：一是其他资源的消耗与资源可持续利用要求的关系；二是所使用的材料、设备是否造成环境污染及污染物组分的毒性及其降解情况；三是操作环境对人员健康的影响；四是废弃物的重复利用、循环利用和再生回收的前景。

（三）经济可行性分析

经济分析评价是从企业的角度，计算出方案实施后在财务上的获利能力和清偿能力，经济分析评价的基本目标是要说明资源利用的优势，以节水方案实施后投资所能产生的效益为分析评价内容。

节水方案的节水直接效益应包括节水量效益和减排水量效益。

经济评估主要采用现金流量分析和财务动态获利性分析方法。

1. 经济评估指标及其计算

（1）总投资费用（I）。

总投资费用计算公式如下：

$$总投资费用（I）= 总投资-补贴$$

（2）年净现金流量（F）。

净现金流量是现金流入和现金流出之差额，年净现金流量就是一年内现金流入和现金流出的代数和。

节水量效益和减排水量效益计算应以核定的项目节水量和减排水量为基础。

年净现金流量计算公式如下：

$$\begin{aligned}年净现金流量（F）&= 销售收入-经营成本-各类税+年折旧费\\&= 年净利润+年折旧费\end{aligned}$$

从企业角度出发，企业的经营成本、工商税和其他税金，以及利息支付都是现金流出。销售收入是现金流入，企业从建设总投资中提取的折旧费可由企业用于偿还贷款，故也是企业现金流入的一部分。

对于节水方案，可能没有销售收入等，可以以节水直接效益代替。

（3）投资回收期（N）。

投资偿还期是项目投产后，以项目获得的年净现金流量来回收项目建设总投资所需的年限。可用下列公式计算：

$$N = \frac{I}{F}$$

式中 N——投资回收期，a；

I——总投资费用，千元；

F——年净现金流量，千元/a。

（4）净现值（NPV）。

净现值是项目经济寿命期内（或折旧年限内）将每年的净现金流量按规

定的贴现率折现到计算期初的基年（一般为投资期初）现值之和，是动态获利性分析指标之一。计算公式为

$$NPV = \sum_{j=1}^{n} \frac{F}{(1+i)^j} - I$$

式中 i——贴现率；

N——项目寿命周期（或折旧年限）；

j——年份。

(5) 净现值率（NPVR）。

净现值率为单位投资额所得到的净收益现值。如果两个项目投资方案的净现值相同，而投资额不同时，则应以单位投资能得到的净现值进行比较，即以净现值率进行选择。其计算公式是

$$NPVR = \frac{NPV}{I} \times 100\%$$

净现值和净现值率均按规定的贴现率进行计算确定，还不能体现出项目本身内在的实际投资收益率。因此还需采用内部收益率指标来判断项目的真实收益水平。

(6) 内部收益率（IRR）。

项目的内部收益率（IRR）是在整个经济寿命期内（或折旧年限内）累计逐年现金流入的总额等于现金流出的总额，即投资项目在计算期内，使净现值为零的贴现率。可按下式计算：

$$NPV = \sum_{j=1}^{n} \frac{F}{(1+IRR)^j} - I = 0$$

计算内部收益率（IRR）的简易方法可用试差法：

$$IRR = i_1 + \frac{NPV_1(i_2 - i_1)}{NPV_1 + |NPV_2|}$$

式中 i_1——当净现值 NPV_1 为接近于零的正值时的贴现率；

i_2——当净现值 NPV_2 为接近于零的负值时的贴现率。

NPV_1、NPV_2——试算贴现率 i_1 和 i_2 时，对应的净现值，i_1 和 i_2 可查表获得，i_1 与 i_2 的差值不应当超过 2%。

2. 经济分析评价准则

(1) 投资回收期（N）应小于定额投资回收期（视项目不同而定）。定额投资回收期由企业根据自身情况确定，有的也是根据贷款条件而定。投资回收期小于定额回收期，建议的节水方案可接受。

（2）净现值为正值，即 NPV>0。当项目的净现值大于零时，方案可行；当净现值为负值时，说明该项目投资收益率低于贴现率，方案经济上不可行；对两个以上建议节水方案进行选择时，应选择净现值大的方案。

（3）净现值率最大。在比较两个以上建议节水方案时，要考虑项目的净现值大小，更要考虑净现值率为最大的方案。

（4）内部收益率（IRR）应大于基准收益率或银行贷款利率，即 IRR>i_0。内部收益率（IRR）是建议的节水方案投资的最高盈利率，也是建议的节水方案投资所能支付贷款的最高临界利率，如果贷款利率高于内部收益率，则建议的节水方案投资就会造成亏损。内部收益率反映了实际投资效益，可用以确定能接受投资方案的最低条件。

第七章　用水审计报告

企业用水审计工作进行分析评价后，要编写企业用水审计报告。报告编制阶段的主要任务是综合和整理前期取得的用水审计证据，起草企业用水审计报告，形成企业用水审计报告。政府委托的用水审计，一般要组织审查，在审查前，用水审计机构应征求被审计企业的意见，形成用水审计报告的送审稿。审计机构要根据审查意见进行修改完善，形成正式的企业用水审计报告，提交委托单位，同时送交被审计企业。

用水审计报告是完整记录企业用水审计过程与结果的文件，体现企业用水、节水的实际情况。编制用水审计报告的要求，一是概括反映用水审计工作全貌，文字简洁，重点突出，结论明确，提出的节水措施、节水方案可行；二是文本规范，计量单位标准，资料翔实，引用表述清晰，尽可能采用有助于理解的图表和照片，便于阅读和审查；三是分析评价全面、深入，数据真实可靠，计算过程正确；四是附件齐全完整。

审计报告中应有明确的审计结论，同时根据审计结论有针对性地提出加强企业节约用水的措施方案以及提高用水效率的意见和建议。

第一节　用水审计报告编写原则

用水审计报告是用水审计工作的结果，反映了企业用水、节水工作的现状，包括企业用水管理、计量、统计、工艺用水、用水单元、用水系统的情况，包括企业的用水效率指标，也包括企业用水节水方面存在的问题、节水潜力的分析，还包括企业用水、节水的改进方案的建议。

编写企业用水审计报告，应遵循全面性、准确性、针对性、明确性、条理性、规范性的原则。

一、全面性原则

企业用水审计报告应全面、概括地反映企业用水审计的全部工作，反映企业用水的全貌。

用水审计报告编写的全面性原则，是指企业用水审计报告要全面地反映企业用水节水的情况，要考虑企业整体用水，把企业作为一个用水系统考虑，考虑各用水单元、用水系统的相互影响，不可就某一局部问题无限放大。

坚持全面性原则的重要意义，一是有助于从整体上把握企业用水节水情况，克服片面性；二是有助于从用水单元、用水系统及其与生产、管理的联系中发现其内在问题；三是有助于把握企业用水节水的动态情况。

全面性原则在审计调查阶段、分析评价阶段和报告编写阶段是不同的。在审计调查阶段，全面性原则的基本要求一是收集的资料要全面，要收集企业及其用水、节水情况包括现状和相关历史情况的全部资料；二是调查的对象要全面，调查的范围要与审计范围相适应。在分析评价阶段，全面性原则的基本要求是用整体的观点、联系的观点和发展的观点分析评价企业用水情况。整体的观点和方法是把企业用水作为一个整体来看待，着眼于企业用水的整体属性即完整性；联系的观点认为企业内各用水单元、用水系统之间、企业用水与生产工艺之间、企业用水与环境之间、各用水效率指标之间是有联系的；发展的观点认为企业用水、节水处于辩证的发展过程之中，要注意企业的过去、现在和将来，注意企业用水的演变过程。在报告编写阶段，全面性原则的基本要求是全面反映企业用水的情况，包括企业用水的管理、计量、用水工艺、用水效率、节水潜力、节水建议等情况。

二、准确性原则

企业用水审计报告的内容应准确，依据的基础数据、资料要准确，计算过程正确，得出的结论要准确。

用水审计报告编写的准确性原则是报告内容完整、真实和有效，不得有重大遗漏、虚假或不可利用性。

用水审计报告只有同时具备完整性、真实性和有效性，才符合准确性原则。

三、针对性原则

企业用水审计报告的分析评价和建议的节水方案要针对企业实际情况，不可泛泛而论；要深入，不能浅尝辄止。分析评价要数字化，节水效果要数字化，经济效益要数字化。

企业用水审计报告编写的针对性原则就是指对确定的企业做符合企业实

际的分析评价，提出切实合理、具有可操作性的节水方案建议，建议采取的具体措施要能实施。

四、明确性原则

企业用水审计报告的企业名称要明确，审计范围要明确，审计内容要明确，用水效率指标要明确，节水方案建议要明确。

企业用水审计报告要有直观性，能用图表表示的尽量采用图表表示，现场设备、现场管理等情况有照片的尽量用照片说明，以使提出的资料清楚、论点明确、便于审查。

五、条理性原则

企业用水审计报告编写的条理性原则是主次分明、重点突出、条理清楚。

根据企业用水审计报告编写的条理性原则，用水审计内容较多的报告，其重点审计项目可另编分报告，主要的技术问题可另编专题技术报告。

原始数据和全部计算过程等应编入附录，不应放在报告正文中。

六、规范性原则

规范是指群体所确立的行为标准，拓展成为对思维和行为的约束力量；规范性是指人和事物要遵循的一定的规矩和标准。

企业用水审计报告编写的规范性原则，要求编写审计报告时文本规范，计量单位标准化（计量单位要正确、标准，所用词头要标准，表示方法要符合国家标准的规定），图表清晰，图序、表序、图表名称规范。

第二节 报告结构与内容

一、报告结构

企业用水审计报告一般可分为封面、审计信息、审计概要、目录、正文和附录6部分。

二、封面

封面包括封面和内封。

封面内容应包括：

（1）企业名称。

（2）“用水审计报告”字样。

（3）审计承担单位名称。

（4）报告完成日期。

内封内容在封面内容基础上，增加联系人及其联系方式。

三、审计信息

审计信息一般包括：

（1）委托用水审计的单位名称。一般委托单位有三类，一是政府职能部门，如水利部门、工业和信息化部门、税务部门；二是用水企业；三是相关方，如供水单位。

企业自己对用水情况进行审计时，没有委托单位。

（2）承担企业用水审计的机构名称。

（3）承担企业用水审计的人员信息，包括姓名、专业、职称、分工等。分工要明确，特别是项目负责人、技术负责人和质量负责人，要有确定的人员。

审计信息要明确审计负责人、报告编写人、报告审核人和报告签发人。注意是签发不是批准，两者含义不同。

报告注明审计机构联系人、企业联系人及联系方式，包括姓名、通讯地址、电话（手机）、电子邮箱、即时通信工具等，以便委托单位能够及时联系。

四、审计概要

审计概要一般包括企业及其用水情况、用水审计工作过程、用水审计主要结论。

（一）企业及其用水情况

简要说明企业及其用水的情况，包括但不限于以下内容：

（1）企业名称、注册地址、生产场所地址（多个生产场所的要逐个说明）。

（2）企业法人代表、企业用水管理机构及其负责人、企业用水节水负责人。

(3) 企业所属行业、主要产品及其生产能力、生产工艺、近三年的产量。

(4) 企业水源、用水量及其缴纳水资源税（费）情况，供水工程供水时应说明供水工程的水源。

(5) 企业废水排放量及其去向。

(二) 用水审计工作过程

简要说明企业用水审计工作过程，包括但不限于以下内容：

(1) 委托审计情况，包括委托单位委托日期、委托审计的范围和内容。

(2) 前期准备阶段的工作时间和工作内容。

(3) 检测核查阶段的工作时间和工作内容，遇到的问题及其解决的方法。

(4) 分析评价阶段的工作时间段和工作内容，包括外部专家咨询内容。

(5) 报告编写阶段的工作时间段和工作内容，包括内部审核程序和内容。

(三) 用水审计主要结论

用水审计主要结论包括主要用水效率指标、企业用水存在的主要问题、建议。

用水审计结论要简洁、明确。

五、目录

主要为报告正文章节和附录页码。

六、正文

报告正文是企业用水审计报告的主体，内容主要为审计事项说明、企业概况、企业用水管理、计量情况，对企业用水的分析评价，企业节水潜力分析，建议的节水方案及其节水效果预测，结论。

详见第七章第三节。

七、附录

附录应列出相关图表、原始数据等必要的支持性文件，一般包括：

(1) 企业用水流程图。

（2）企业用水管网图。

（3）企业水源、企业主要用水设备（用水系统）明细表及现场照片。

（4）主要水计量器具一览表。

（5）企业水平衡图表，用水系统复杂的企业，应列出二级生产单位水平衡图表。

（6）主要原始数据和全部计算过程。

（7）节水方案的技术、环境、经济分析。

（8）企业地理位置图，水源位置图，排水去向图。

（9）其他支持性文件，包括委托单位的委托书。

第三节　报告正文内容

正文是企业用水审计报告的主体部分，企业用水情况均包含在报告正文中。

报告正文应结合审计的工业企业实际编写。不同行业的工业企业，其用水审计报告应有90%左右的内容是不同的；同一行业的企业，其用水审计报告差异率也应在75%以上。

一、审计事项说明

报告正文首先要说明企业用水审计的有关事项，包括但不限于以下内容。

（一）审计目的

审计目的随委托人的不同而不同。

政府部门委托的用水审计，重点在于取水量数据、废水排放量等数据的真实性和真实结果，有些也要确定企业的节水潜力。企业委托的用水审计，重点则在于企业的节水潜力和节水方案。

对于项目的节水审计，则会重点关注项目的节水量；企业取水许可证到期，需要换发新证时，重点会关注近年企业生产情况和实际取水量与许可取水量的差异，已确定新取水许可的数量。

（二）审计依据

用水审计依据包括法律法规、规章、标准、规范性文件等。

在报告中说明审计依据时，要注意依据的针对性，既不要遗漏，报告正文中引用的，都要在依据中列明；也不要把无关内容都列进去；报告正文中没有直接或间接引用其内容的，均不能列为审计依据。除相应的法律法规外，规章、标准、规范性文件只有在报告中直接或间接引用的，才应该作为依据列出。

报告中直接引用，是指直接引用依据中的文字、公式、指标数据、图表等；间接引用则是说明依据名称、条款。

（三）审计期和基准期

审计期是用水审计的时间范围。审计期一般取一年，也可以审计现有有效取水许可证发放以来的期间，根据审计目的不同而不同。特殊情况下，可以选取某一时段，如一个季度、一个月等。

基准期是用以比较和确定用水量、节水量及比较用水技术经济指标的用水审计期之前的某一时间段。基准期根据审计目的确定，一般为一年。

（四）审计范围和审计内容

审计范围是企业用水的空间范围，或者说是地理范围或管理范围。如使用地表水的企业，从供水计量设施开始，还是从企业蓄水池开始，即引水渠的渗漏损失和蒸发损失是否计入企业耗水量；外供为本企业提供辅助生产或服务的独立核算企业是否包括在审计范围等。

（五）审计数据和资料

说明审计数据和审计资料的来源，是否经过企业确认，使用现场测试数据和现场勘察资料时说明测试时企业是否在场、企业人员是否签字认可等。

二、企业概况

企业概况主要内容包括企业基本情况、产品、经济效益指标、资产、历史沿革、主要生产设备、工艺流程等。

（一）企业基本情况

包括企业名称、企业法人代表、注册地址、生产场所地址和地理位置（多个生产场所的要逐个说明）、职工人数等。

（二）产品

包括企业所属行业、主要产品及其生产能力、近三年到五年的产量等。企业生产多种产品时，要分别说明；习惯上分别统计的中间产品，如生铁、粗钢、钢材和原料药、制剂药等，也要分别说明。

（三）经济效益指标

包括企业近三年到五年的主要经济效益指标，即产值、工业增加值、利润、上缴税收、新产品产值、出口交货值等。

（四）资产

包括企业注册资本、企业固定资产原值、上年底现值，企业资产负债率、企业债权债务情况，流动资产等。

（五）历史沿革

包括企业成立（注册登记）时间、设立分公司情况，与其他企业的合并和分立情况、注册地址变迁、注册资本变化情况，历史沿革。

（六）主要生产设备

描述主要生产设备及其所属生产工序、规格型号、生产能力等，可列表表示。

（七）工艺流程

包括企业主要生产工艺流程图及简要描述。企业有多种工艺流程时，应分别说明。

工艺流程图要规范，物料和设备或过程要有明显区分，不能混淆。

三、企业水系统

（一）水源

企业水源主要内容有：

（1）水源种类。包括地表水、地下水、再生水、其他非常规水及以上水源的组合，水源与企业的相对位置。

(2) 供水工程供水、自建取水设施。供水工程说明其取水地点，自建取水设施说明是井群、构筑物。取用地下水时，要说明静水位、动水位和单井涌水量。

(3) 水源水质。地表水说明水质类别，地下水和地表水、再生水要说明主要指标数据。

(4) 说明取水许可情况。说明许可取水量、取水水源、取水地点、取水形式，取水许可证获得时间及取水期限。

(二) 主要用水单元

按照生产工序或生产车间划分用水单元，当多个同一工序并列而用水独立时划分为不同的用水单元。

(三) 主要用水系统

按照新水、软化水、除盐水、再生水、重复利用水、回用水等划分用水系统。

(四) 主要用水设备

主要指生产用水设备，包括主要生产系统和辅助生产系统的生产设备。生产设备基本不用水时，不必列出。

注意冷却塔是为了降低水温，属于水循环利用设备；水池是存放水的容器，主要起缓冲作用。虽然其存在着水分的蒸发及风吹损失，都不是用水设备。

(五) 废水

包括废水处理、回用情况，说明其水量、水质，所属行业污水排放标准。

(六) 退水情况

说明退水去向、水量、水质情况。

说明达标排放情况。

(七) 水管网情况

包括新水供水管网情况及软化水、除盐水、重复利用水、回用水等管网及排水沟渠或管道情况。

四、用水管理

（一）用水管理基础

主要包括企业用水管理指导方针、用水管理目标、用水指标和用水管理绩效。

1. 用水管理指导方针

用水管理指导方针是由企业制定和发布的其用水管理的宗旨和方向。

宗旨即主要的思想或意图、主意，方向是思想或努力的预定途径。企业用水管理的宗旨和方向就是企业用水活动中的基本行为规则和原则。

2. 用水管理目标

用水管理目标是由企业制定并要实现的提高企业用水效率和效益的总体要求。提高用水效率，降低水消耗，不仅是企业的要求，也是社会的要求、政府的要求。

3. 用水指标

用水指标是企业为实现用水管理目标所制定的量化要求。

用水指标既包括管理指标也包括技术指标，企业可参考对不同行业节水型企业的要求，确定技术指标的数值要求。

4. 用水管理绩效

用水管理绩效是企业实施用水管理所取得的可测量的结果。

（二）用水管理机构

1. 用水管理机构名称

企业的职能部门设置不同。有些企业有专门的水管理部门，有些企业与能源管理部门设在一起，有的企业与设备管理部门合设，还有的企业管理部门设在动力厂。

无论企业如何设置，用水审计报告都要如实说明。

2. 用水管理部门职责及权限

无论企业水管理部门是独立设置还是与其他管理部门合设，一般都会制订部门和人员的岗位责任制，说明用水管理部门的职责及管理权限。

3. 用水管理制度

说明企业制订的用水管理制度，包括用水管理程序、取水管理制度、水系统设备（供水、储水、用水管道和设备）管理制度、水质和水处理管理制度、用水计量制度、用水统计制度、用水节水教育培训制度、用水绩效评价制度、用水奖惩制度等。

报告只对相关制度做简要介绍即可，不必全文照抄。

（三）用水节水教育培训

说明定期或不定期对用水相关岗位进行培训情况，包括参加外部培训情况，内部培训的培训师资、培训时间、培训内容和参加培训人员。

（四）用水计量和统计

说明企业水计量器具配备情况、水计量率，列出水计量器具配备表，说明主要水计量器具的型号规格、量程、精确度等；说明企业用水统计情况，包括抄表周期、原始记录、用水台账、统计分析等。

（五）节水管理措施

说明近期采取的节水管理措施，包括企业水平衡测试等情况。

五、工艺用水分析

分析和判断企业主要用水工艺流程的情况，包括：

(1) 是否存在国家明令淘汰的生产工艺。可对照国家有关部门、省级政府部门的相关文件确认。

(2) 是否采用国家鼓励的节水工艺，采用了国家鼓励的哪些节水工艺。对照国家鼓励节水工艺目录和企业实际工艺，明确采用的节水工艺及其所在工序（车间）、采用时间、收到的效果。

(3) 已采取的节水技术和措施。说明节水技术和措施名称、实施时间、实施效果，特别是节水量。节水量计算要符合国家相关标准规定。

(4) 节水技术改进方向。

六、系统用水分析

描述各系统用水的分析，主要内容是：

(1) 水平衡分析，包括对企业水平衡图表和分析及比较复杂的用水环节、用水单元水平衡图表和分析。

（2）水质符合性分析，包括各用水单元入口及循环用水水质的符合性和企业排水水质的符合性。

（3）用水设备（用水系统）分析。一是分析用水设备（用水系统）的水源选择与利用情况，按照水源类型分别说明给水压力及主要用途，如有非常规水源应说明利用非常规水源的论证分析情况和相关水质检测情况；二是分析冷却水系统、锅炉系统、工艺用水系统等主要用水设备（用水系统）配置和运行情况，分析主要用水设备（用水系统）的选型合理性；三是对不同用水设备（用水系统）进行分类汇总，分析评价其用水效率，明确节水器具及设备的采用情况和比例；四是核实系统中是否存在国家明令淘汰的设备。

（4）用水效率分析，包括企业各种用水评价指标，如单位产品取水量、重复利用率、漏失率、排水率、废水回用率、冷却水循环率、冷凝水回用率、达标排放率、非常规水资源替代率等的数值及其分析评价。

七、企业用水节水存在的问题和节水潜力分析

提出企业用水节水方面存在的问题，包括管理问题、计量统计方面的问题、与用水有关的生产工艺和设备方面的问题，节水技术方面的问题、企业水系统集成优化问题。

分析企业节水潜力。从指标、措施等方面进行分析。

八、建议的节水方案和措施

描述建议的节水方案和措施的内容，说明其技术、环境、经济上的可行性。

描述企业节水方案、节水措施的节水量。节水量评估要符合国家相关标准的要求。

节水措施可分项列出。

九、用水审计结论和建议

（一）用水审计结论

用水审计结论包括但不限于以下内容：

（1）企业审计期各种产品产量、产值、工业增加值、利润、税收。

（2）企业水源和审计期各水源取水量、重复利用水量、用水量、排

水量及其去向；取水量要说明是否超出取水许可证许可量，是否超出用水计划。

（3）企业主要用水效率指标，特别是单位产品取水量、单位产值取水量、单位工业增加值取水量。单位产品取水量要与取水定额标准比较，明确其是否超标；相关指标要与节水型企业标准指标比较，明确其是否达到节水型企业标准。

（4）企业水源水质是否符合生产要求，是否达标排放。

（5）企业废水处理回用量，回用水水质。

（6）企业用水管理是否完善，存在的问题，包括计量、统计方面的问题。

（7）企业是否存在淘汰的工艺和设备，包括生产和用水系统。

（8）企业是否采用了国家鼓励的工艺，采用了国家鼓励的哪些工艺。

（9）企业已实施的节水方案、采取的节水措施及其投入、节水效果。

（10）企业用水工艺存在的问题，生产工艺在用水方面的问题。

（11）企业水系统集成优化方面的问题。

审计结论要明确，语言要准确，要有综合性，同类问题要归纳 。

（二）用水审计建议

用水审计建议包括但不限于以下内容：

（1）用水管理建议。

（2）节水方案建议。

（3）节水措施建议。

十、分报告和专题报告

（一）分报告

对于审计内容较多的报告，其重点审计项目可另编分报告。

分报告的内容可相对简化，说明重点审计项目的情况即可。

（二）专题技术报告

企业用水审计主要的技术问题可另编专题技术报告。

专题技术报告主要说明技术问题。

(三) 专题审计报告

当委托单位委托对部分内容进行用水审计时，如审计企业取水量、审计企业单位产品取水量、审计企业用水效率、审计企业用水管理等，审计报告可简化，审计内容只描述委托审计内容及相关情况，但要将委托的审计内容描述清楚，结论要明确、准确。

附录　企业用水审计需要的国家标准

1. GB/T 33231—2016 企业用水审计技术通则；
2. GB/T 21534—2008 工业用水节水 术语；
3. GB/T 27886—2011 工业企业用水管理导则；
4. GB/T 17367—1998 取水许可技术考核与管理通则；
5. GB 24789—2009 用水单位水计量器具配备和管理通则；
6. GB/T 28714—2012 取水计量技术导则；
7. GB/T 26719—2011 企业用水统计通则；
8. GB/T 12452—2008 企业水平衡测试通则；
9. GB/T 18916 取水定额（所有部分）；
10. GB/T 7119—2006 节水型企业评价导则；
11. GB/T 26923—2011 节水型企业 纺织染整行业；
12. GB/T 26924—2011 节水型企业 钢铁行业；
13. GB/T 26925—2011 节水型企业 火力发电行业；
14. GB/T 26926—2011 节水型企业 石油炼制行业；
15. GB/T 26927—2011 节水型企业 造纸行业；
16. GB/T 32164—2015 节水型企业 乙烯行业；
17. GB/T 32165—2015 节水型企业 味精行业；
18. GB/T 33232—2016 节水型企业 氧化铝行业；
19. GB/T 33233—2016 节水型企业 电解铝行业；
20. GB/T 34608—2017 节水型企业 铁矿采选行业；
21. GB/T 34610—2017 节水型企业 炼焦行业；
22. GB/T 35576—2017 节水型企业 啤酒行业；
23. GB/T 31329—2014 循环冷却水节水技术规范；
24. GB/T 29749—2013 工业企业水系统集成优化导则；
25. GB/T 30887—2014 钢铁联合企业水系统集成优化实施指南；
26. GB/T 29052—2012 工业蒸汽锅炉节水降耗技术导则；
27. GB/T 34147—2017 项目节水评估技术导则；

28. GB/T 34148—2017 项目节水量计算导则；

29. GB/T 34149—2017 合同节水管理技术通则；

30. GB/T 50050—2017 工业循环冷却水处理设计规范；

31. GB 50648—2011 化学工业循环冷却水系统设计规范；

32. GB/T 1576—2008 工业锅炉水质；

33. GB/T 19923—2005 城市污水再生利用 工业用水水质；

34. GB/T 17611—1998 封闭管道中流体流量的测量术语和符号；

35. GB/T 25922—2010 封闭管道中流量的测量　用安装在充满流体的圆型截面管道中的涡街流量计测量流量的方法；

36. GB/T 2624. 1—2006 用安装在圆形截面管道中的差压装置测量满管流体流量　第 1 部分：一般原理和要求；

37. GB/T 2624. 2—2006 用安装在圆形截面管道中的差压装置测量满管流体流量　第 2 部分：孔板；

38. GB/T 2624. 3—2006 用安装在圆形截面管道中的差压装置测量满管流量　第 3 部分：喷嘴和文丘里喷嘴；

39. GB/T 2424. 4—2006 用安装在圆形截面管道中的差压装置测量满管流体流量　第 4 部分：文丘里管；

40. GB/T 3214—2007 水泵流量的测定方法；

41. GB/T 35138—2017 封闭管道中流体流量的测量　渡越时间法液体超声流量计；

42. GB/T 27759—2011 流体流量测量　不确定度评定程序；

43. GB 13195 水质　水温的测定　温度计或颠倒温度计测定法；

44. GB 8978—1996 污水综合排放标准；

45. GB 31570—2015 石油炼制工业污染物排放标准；

46. GB 31574—2015 再生铜、铝、铅、锌工业污染物排放标准；

47. GB 31572—2015 合成树脂工业污染物排放标准；

48. GB 31573—2015 无机化学工业污染物排放标准；

49. GB 30484—2013 电池工业污染物排放标准；

50. GB 30486—2013 制革及毛皮加工工业水污染物排放标准；

51. GB 13458—2013 合成氨工业水污染物排放标准；

52. GB 19430—2013 柠檬酸工业水污染物排放标准；

53. GB 28938—2012 麻纺工业水污染物排放标准；

54. GB 28937—2012 毛纺工业水污染物排放标准；

55. GB 28936—2012 缫丝工业水污染物排放标准；
56. GB 4287—2012 纺织染整工业水污染物排放标准；
57. GB 16171—2012 炼焦化学工业污染物排放标准；
58. GB 28666—2012 铁合金工业污染物排放标准；
59. GB 13456—2012 钢铁工业水污染物排放标准；
60. GB 28661—2012 铁矿采选工业污染物排放标准；
61. GB 27632—2011 橡胶制品工业污染物排放标准；
62. GB 27631—2011 发酵酒精和白酒工业水污染物排放标准；
63. GB 26877—2011 汽车维修业水污染物排放标准；
64. GB 14470. 3—2011 弹药装药行业水污染物排放标准；
65. GB 26452—2011 钒工业污染物排放标准；
66. GB 15580—2011 磷肥工业水污染物排放标准；
67. GB 26132—2010 硫酸工业污染物排放标准；
68. GB 26451—2011 稀土工业污染物排放标准；
69. GB 26131—2010 硝酸工业污染物排放标准；
70. GB 25468—2010 镁、钛工业污染物排放标准；
71. GB 25467—2010 铜、镍、钴工业污染物排放标准；
72. GB 25466—2010 铅、锌工业污染物排放标准；
73. GB 3544—2008 制浆造纸工业水污染物排放标准；
74. GB 21523—2008 杂环类农药工业水污染物排放标准；
75. GB 20426—2006 煤炭工业污染物排放标准；
76. GB 20425—2006 皂素工业水污染物排放标准；
77. GB 19821—2005 啤酒工业污染物排放标准；
78. GB 19431—2004 味精工业污染物排放标准；
79. GB 14470. 1—2002 兵器工业水污染物排放标准 火炸药；
80. GB 14470. 2—2002 兵器工业水污染物排放标准 火工药剂；
81. GB 14470. 3—2002 兵器工业水污染物排放标准 弹药装药；
82. GB 15581—95 烧碱、聚氯乙烯工业水污染物排放标准；
83. GB 14374—93 航天推进剂水污染物排放与分析方法标准；
84. GB 4286—84 船舶工业污染物排放标准。

参 考 文 献

[1] 严伟．资源环境审计方法研究综述［J］．商业经济研究，2016（18）：79~81.

[2] 邓明明．浅谈环境绩效审计方法之实务应用［J］．当代经济，2015（9）：45~47.

[3] 韩苹．对新形势下开展资源环境审计的思考［J］．时代经贸，2015（9）：181.

[4] 唐稳国．深入开展我国资源环境审计的思考［J］．财经界（学术版），2015（12）：181.

[5] 延鑫．资源环境审计的特点、存在问题及对策建议［J］．生产力研究，2017（11）：89~93.

[6] 巩建信．对资源环境审计的思考［J］．中外企业家，2017（20）：254，264.

[7] 孙冀泮．现代风险导向审计方法及在我国的应用［D］．大连：东北财经大学，2005.

[8] 中华人民共和国审计署．中华人民共和国国家审计准则．中华人民共和国审计署令第8号，2010.

[9] 马同保．论审计方法［J］．企业经济，2007（9）：178~180.

[10] 裴艳，赵鑫．山西省水资源问题专项审计调查研究［J］．山西水利，2012（10）：6~8.

[11] 陈献，张瑞美，王贵作，等．国外用水审计及国内其他相关行业审计经验借鉴［J］．水利发展研究，2011（11）：63~66.

[12] 于书翠．我国水环境审计现状分析及对策［J］．绿色财会，2012（4）：22~24.

[13] 马宏．构建水资源审计框架的四个维度．经营与管理［J］．2013（9）：44~45.

[14] 鲁小静．水资源审计现状及研究［J］．企业技术开发，2011（16）：31~32.

[15] 唐洋，牛佳丽，董峰．我国水环境审计的研究现状与展望［J］．新会计，2012（12）51~52.

[16] 张继勋．关于审计目的和审计目标的探讨［J］．审计研究，2000（4）：29~33.

[17] 王华．关于审计目标的调整［J］．审计研究，2005（2）：31~33.

[18] 石玉．环境审计证据质量特征研究［D］．青岛：中国海洋大学，2012.

[19] 李婷．浅谈审计证据定义的变化及其影响［N］．中国审计报，2013-11-6（007）．

[20] 丘雄江．浅析审计证据在审计中的运用［J］．会计师，2013（9）：48~49.

[21] 谢盛纹．审计证据相关性与充分性界定浅析［J］．财会通讯（综合版），2007（10）：58~59.

[22] 许存格．提高审计证据证明力的途径分析［J］．审计，2012（4）：41~42.

[23] 李曼静，李国威．我国现阶段环境审计目标的研究［J］．现代管理科学，2010（5）：113~115.

[24] 杨荣美．循环经济下环境审计目标初探［J］．审计，2010（1）：31~33.

[25] 郑石桥．审计主题、审计取证模式和审计意见［J］．会计之友，2011（6）：125~133.

[26] 冷冬梅．如何做好审计记录［J］．农村财务会计，2004（10）：27.

[27] 胡梦婷，白雪，朱春雁．企业用水审计标准化方法研究［J］．标准科学，2015（11）：50~53.

[28] 毛新伟，甘升伟，汪向兰．企业用水审计指标体系设定初步探索［J］．水利发展研究，2016（3）：14~17.

[29] 宁雅楠，王海，乔建华．用水审计制度初探［J］．水利发展研究，2007（6）：25~27.

[30] 陈晋苏，潘友文，梁春林．制药用水系统的审计［J］．中国药业，2003（2）：39~40.

[31] 甘升伟，耿清蔚，汪向兰．流域企业用水审计方法与保障措施研究［J］．南水北调与水利科技，2014，12（2）：194~196.

[32] 陈献，张瑞美，王贵作．构建我国用水审计制度框架的初步探索［J］．水利发展研究，2010（8）：84~87.

[33] 宁雅楠．基于绿色核算的用水审计制度研究［D］．北京：中国农业大学，2007.

[34] 沈旭，王建华，李海红，等．基于水功能的火力发电厂用水效率评价方法研究［J］．中国水利水电科学研究院学报，2013，11（1）：53~58.

[35] 陈拥军．发电企业水系统清污分流及分级利用优化［J］．内燃机与配件，2017（13）：100~101.

[36] 刘伟．火力发电企业节水策略优化研究［D］．北京：华北电力大学，2014.

[37] 李志伟，杨爱民．纺织印染企业的用水计量［J］．染整技术，2009，31（7）：27~31.

[38] 蒋守栋．恒源选煤厂洗水系统优化［C］．2012年中国选煤发展论坛论文集.

[39] 仝永娟，蔡九菊，王连勇．钢铁综合企业的水流模型及吨钢综合水耗分析［J］．钢铁，2016，51（6）：82~86.

[40] 付本全，王丽娜，卢丽君，等．钢铁企业用水与节水减排［J］．武钢技术，2012，50（4）：50~53，61.

[41] 宫鲁．钢铁冶金行业用水节水研究［J］．冶金动力，2011（1）：60~63，66.

[42] 边蔚，田在锋，王月锋．钢铁工业节水及水污染控制技术研究进展［J］．绿色科技，2015（9）：231~234，237.

[43] 武建国，程继军．钢铁企业水系统优化探讨［N］．世界金属导报，2017-12-12（B12）.

[44] 孙旭红．长钢公司关于降低吨钢耗新水的探讨［J］．科技与创新，2016（24）：129.

[45] 吴运敏，姜剑，张峻伟．钢铁企业全厂回用水“大循环”运行方式探讨［J］．水利发展研究，2017（2）：64~66，72.

[46] 严丹燕．钢铁企业中水回用技术及利用模式分析［J］．能源与环境，2017（2）：93~94.

[47] 姚凤凤．钢铁企业节水综合技术及应用实践［J］．现代冶金，2017，45（3）：58~60.
[48] 孙婷，王韬，邵芳，等．我国钢铁工业用水定额现状及问题探讨［J］．中国水利，2015（12）：52~54.
[49] 孙立娇，叶治安，胡特立，等．电厂工业废水处理后回用于脱硫工艺水的试验研究［J］．中国电力，2017（9）：135~137.
[50] 蔡红，庞艳，冀强，等．防空干道地下水作为化工工艺用水工程改造实例［J］．环境科学与管理，2008，33（1）：121~125.
[51] 王辉，巩玉香．关于医疗器械工艺用水系统确认的研究［J］．首都医药，2013（9）：4~5.
[52] 任达志，刘欣，杨玲，等．医疗器械生产企业工艺用水现状调查［J］．首都医药，2010（6）：9~11.
[53] 倪桂斌．制药工艺用水制备流程分析［J］．科技创业家，2013（8）：238.
[54] 闫秀红．制药工艺用水制备流程分析［J］．黑龙江科学，2015（2）：62~63.
[55] 赵海英，陈宝福．制药企业工艺用水系统制备流程及其构成［J］．黑龙江科技信息，2009（4）：169.
[56] 张劲松，岳海．脱硫工艺用水和废水回用系统改造成果分析［C］．全国火电600MW机组技术协作会第十三届年会论文集.
[57] 于长海，梁占坤，邢丽敏，等．通过技术改造实现纤维板厂工艺用水全封闭循环［J］，林产工业，2000，27（1）：42~44.
[58] 张存兵，赵萍．控制生产工艺用水是氧化铝厂节能降耗的有效途径［J］．轻金属，2000（11）：16~17.
[59] 钟玉，李宝成，张宪维，等．国产纺粘法生产线的工艺用水系统［J］．非织造布，2000，8（2）：44~45.
[60] 汪寿建．大型煤化工项目全厂水平衡整体解决方案研究分析［J］．煤炭加工与综合利用，2016（10）：19~30.
[61] 李自强．化肥装置取用水现状与节水减排潜力分析［J］．大氮肥，2010，33（5）：310~314.
[62] 陈玉林．化工过程用水网络设计与优化［D］．武汉：武汉理工大学，2008.
[63] 陈斐．精细化工企业水平衡测试及节水分析［J］．上海节能，2016（05）：280~284.
[64] 崔岩，阿金寰．煤化工企业水平衡测试回水利用分析［J］．黑龙江水利科技，2016（2）：89~91.
[65] 翁佩芳，吴祖芳，陈济东．臭氧水在食品工业中应用的研究［J］．食品与机械，2000（6）：19~20，36.
[66] 刘景华．海洋深层水的开发及其在食品、化妆品和美容制品中的应用［J］．香料香

精化妆品，2002（1）：26~28.
[67] 季数．淋水式杀菌技术在软袋包装食品领域的杀菌优势［N］．中国食品报，2010-5-31（006）．
[68] 黄小祥．啤酒厂节水工程研究［D］．无锡：江南大学，2008.
[69] 王子超．啤酒工业用水分析［J］．山东化工，2012（2）：64~67.
[70] 王子超．啤酒生产过程的用水平衡及优化［D］．青岛：青岛科技大学，2012.
[71] 许育民．白酒工业水污染物排放新要求及应对措施［J］．酿酒科技，2012（5）：110~114.
[72] 冯兴垚，邓杰，谢军，等．白酒酿造副产物黄水综合利用现状浅析［J］．中国酿造，2017（2）：6~9.
[73] 杨瑞，周江．白酒生产副产物黄水及其开发利用现状［J］．酿酒科技，2008（3）：80~82.
[74] 罗惠波，张宿义，卢中明．浓香型白酒黄水的应用探索［J］．酿酒科技，2004（1）：37~39.
[75] 郑福尔，刘以凡，刘明华．利用高浓度印染废水制备水煤浆的研究［J］．煤炭工程，2012（2）：85~87，91.
[76] 张帆．高磷赤铁矿选矿废水分质处理与回用分析研究［D］．武汉：武汉理工大学，2010.
[77] 何新建，傅克文，孙立田，等．胶磷矿选矿废水净化处理与回用的工业应用研究［J］．化工矿物与加工，2016（4）：32~34.
[78] 韩灏，蔡倩倩．煤矿水平衡测试研究［J］．中国煤炭，2011，37（10）：116~118.
[79] 彭志伟．梅山矿业水平衡研究［J］．现代矿业，2017（8）：319~323.
[80] 成先雄，杨金璋，张继忠，等．某钨矿选矿厂节水改造方案研究与实施［J］．2012，28（12）：93~96.
[81] 姜传俊．浅谈哈密金矿选矿厂生产用水的循环利用［J］．新疆有色金属，2009（2）：35~36.
[82] 冯章标．柿竹园钨多金属矿选矿废水处理与回用新工艺及机理研究［D］．赣州：江西理工大学，2017.
[82] 李洪枚．选矿废水处理回用方法与工程应用［J］．湿法冶金，2015，34（6）：439~443.
[83] 崔学茹．选矿厂生产用水模糊控制系统［J］．金属矿山，2009（5）：119~122.
[84] 周启昆，曹广海，庞科旺．选矿厂生产用水模糊控制系统设计［J］．电气传动自动化，2011（4）：16~19.
[85] 袁海源．纺织染整废水的再生利用研究与回用水水质标准的制定［D］．上海：东华大学，2007.
[86] 杨蕴敏．关于印染废水的回用问题［J］．上海纺织科技，2007（12）：3~4，7.

[87] 杨爱民．关于印染用水问题的再思考［J］．染整技术，2015（1）：31~32.
[88] 周律，徐昆，邱照景．基于分质回用的印染生产过程节水方法［J］．清华大学学报（自然科学版），2017（3）：331~336.
[89] 米展，闫月婷，廖传华，等．毛纺印染行业节水减排评价体系的构建［J］．印染，2014（7）：34~37.
[90] 周律，徐昆，邱照景．通过优化生产调度实现印染生产节水的方法与实践［J］．中国给水排水，2017（6）：110~115.
[91] 王韬，邵芳，李烃．我国印染业用水定额现状分析及建议［J］．中国水利，2016（5）：9~11.
[92] 温珺琪．印染废水处理回用工艺现状研究［J］．环境科学与管理，2014（2）：156~158.
[93] 黄兴华，杜崇鑫，谢冰，等．印染工业废水的中水回用技术研究进展综述［J］．净水技术，2015（5）：16~20，43.
[94] 王方东，李晓春，毕研刚，等．中水回用技术的研究与应用［J］，中国资源综合利用，2006（2）：17~18.
[95] 程家迪，蒋路平，罗金飞．印染废水深度处理及中水回用技术现状［J］．染整技术，2014（11）：5~9.
[96] 张挺，唐佳玙，高冲．印染废水深度处理及回用技术研究进展［J］．工业水处理，2013（9）：1470，1473.
[97] 朱月琪，夏虹．印染废水处理和回用工程实例［J］．广东化工，2011（3）：17~20.
[98] 常爱荣，孙瑾．印染废水处理技术研究进展［J］．广东化工，2010（9）：217~218.
[99] 于金巧，张芸，陈郁，等．印染集中区水网络优化研究［J］．环境科学学报，2013，33（12）：3260~3266.
[100] 沈莉．印染企业节水减排技术措施［J］．资源节约与环保，2015（1）：39.
[101] 龚成晨，张伟，金平良，等．印染企业水平衡测试与节能节水潜力分析［J］．上海节能，2015（6）：316~319.
[102] 陈梅兰．浙江印染业清洁生产节水措施研究［D］．杭州：浙江大学，2005.
[103] 李玉，韩峰，成晓典，等．基于工业水足迹的造纸企业节水减排途径［J］．环境科学研究，2017，30（1）：166~172.
[104] 王强，刘雅玲，叶维丽，等．我国造纸工业主要水污染物排放量的关键影响要素研究［J］．中国造纸学报，2014（4）：51~55.
[105] 贾佳，严岩，王辰星．工业水足迹评价与应用［J］．生态学报，2012（20）：6558~6560.
[106] 尹婷婷，李思超，侯红娟．钢铁工业产品水足迹研究［J］．宝钢技术，2012（3）：25~28.
[107] 严岩，贾佳，王丽华，等．我国几种典型棉纺织产品的工业水足迹评价［J］．生态

学报，2014（23）：7119~7126.

[108] 郑海明．造纸水系统的优化设计［J］．中华纸业，2009，30（18）：71~75.

[109] 刘秉钺．造纸工业的排水、取水和节水［J］．中华纸业，2006（9）：80~85.

[110] 梁瑜．造纸用水系统梯级利用与节水优化研究［D］．广州：华南理工大学，2012.

[111] 魏良良．造纸再生水风险评价和水资源综合配置方案研究［D］．兰州：兰州交通大学，2016.

[112] 叶杰文．纸板生产企业用水现状及单位产品取水量分析［J］．中华纸业，2017，38（8）：58~61.

[113] 季红飞，王重庆，冯志祥，等．工业节水案例与技术集成［M］．北京：中国石化出版社，2011.

[114] 罗文斌．金山店选厂提高尾矿浓底输送的技术措施［J］．金属矿山，2004（增刊）：425~429.

[115] 杨超．金属矿山尾矿高浓度管道输送技术研究［D］．淄博：山东理工大学，2011.

[116] 黄保平，燕海东．梅山铁尾矿高浓度管道输送研究［J］．现代矿业，2013（12）：18~22.

[117] 周晓彤，邓丽红，付广钦，等．酸性尾矿水回用于全流程的铜硫选矿新技术研究［J］．材料研究与应用，2017，11（4）：269~272.

[118] 段其福，毛卫东，王国栋．尾矿水零排放及选矿三水平衡研究［J］．金属矿山，2000（4）：41~42.

[119] 沈军海，顾华敏．选矿厂尾矿处理水零排放技术改造实践［J］．金属矿山，2000（4）：51~53.

[120] 沈越浬，章圣央．选矿厂尾矿处理水循环回用［J］．节能与环保，2011（11）：66~67.

[121] 雷文俊．“三条红线”管控洗煤项目用水探析［J］．山西水利，2017（7）：12~13.

[122] 史玉．软化水循环冷却系统的排污水在转炉烟气湿法除尘系统中的应用［J］．工业用水与废水，2017（2）：50~52.

[123] 金秀红，李绍全，焦志增，等．炼钢转炉煤气除尘水系统水处理技术探讨［J］．工业水处理，2008，28（7）：83~85.

[124] 孟文俊，杨文静．北方电厂冷却方式的选择［J］．内蒙古水利，2010（2）：82~83.

[125] 于海慧，何文．滨海电厂直流冷却水系统方案优化［J］．吉林电力，2010（1）：20~22.

[126] 靳海军．电厂冷却方式选取［J］．勘测设计，2009（5）：49~52.

[127] 张国罡．海水脱硫直流供水系统虹吸井设置原则［J］．勘测设计，2015（5）：29~32，64.